頂級食材
聖經

陳溫仁 *Jimmy* ——著

跟著摘星主廚 Jimmy
品嘗金字塔頂端的美味

For Chef Jimmy

Jimmy is a dear friend of mine and without a doubt one of the most talented chefs in Taiwan, but he also has a great personality. His food always excites me. There is no doctor anywhere in the world who can cure my irresistible desire for his food.

日本金澤米其林 2 星主廚

Shin Takagi Restaurant Zeniya Japawn

推向極致

冬天的淡水清晨格外寒冷，睡意仍濃的哥哥沒有賴床，離開溫暖的被窩快速漱洗，絲毫不敢怠慢大意，因為當天的婚宴辦桌，他是父親最稱職的下手。

幾年過去，昔日的跟班少年也熬成了總鋪師，他總是和弟弟陳述著工作裡的點點滴滴，就像父親過往帶著他一樣，他必須身體力行，讓幼弟在日積月累薰陶中，及早立定人生志向。

小男孩無從了解到底是什麼因素，不論哥哥調教的有多用心，他就是完全無法對父兄的專業產生興趣，被老師視為很有美術天分的他，甚至對哥哥的栽培不自覺地抗拒。

喜愛繪畫、不想承繼家業的兒郎，似乎博不過宿命，最終還是成為廚師，只不過他走的不是父兄擅長的中廚之路，而是投入西方社會視為藝術家的西廚領域。

早年台灣的西餐環境不佳，想吃正統的西餐只能選擇五星級飯店，離開打下深厚根底的五星級飯店，Jimmy 坐鎮北投三二行館，他打破了高檔西餐只有五星級飯店才吃得著的神話。

不少西餐大廚以為，台灣人不習慣義式燉飯米粒的熟度，所以燉飯雖不是票房毒藥，卻是餐牌中可有可無的項目，因此披薩與義大利麵幾乎是台灣所有義大利餐廳的行銷重點。

Jimmy 什麼話都沒說，卻把他的義式燉飯做成了三二行館來客必點的招牌強項，有回我在飛碟電台受訪，不經意的以三二行館的某道義大利菜舉證，結果主持人直接接的話竟是「他們的義大利燉飯好好吃喔！」

每年白松露季開始，沒有吃到 Jimmy 為白松露做的菜，就好像日子裡少了調味，白蘆筍亦然。本以為這純是個人習慣，後來才知道，很多三二行館的主顧也跟我一樣，每年十一月時都會像候鳥循著固定的路線一般，重溫難以取代之味。

我帶品味班學生十餘年，吃遍全台數不清名店，也遠赴國外專程品嚐米其林餐廳，每年年終歲末，總慣例要她／他們票選出心中最愛，所得的結果，永遠都是 Jimmy NO.1 ！

從紙上塗鴉的孩童，到餐盤上作畫的廚藝家！我總感覺到 Jimmy 不斷的把自己推向極致，他的巔峰之藝，都融入這本書中，值得你我細細品味。

資深美食家

胡天蘭

頂級美食，開動！

採訪 Jimmy，其實不容易。他的話，不多，卻句句到位，他不像其他知名主廚一樣，可以侃侃而談，每次要他多說一點，他總回說：「就這麼多內容了，我還能說什麼？」

我知道這是 Jimmy 某種程度的謙虛，每次採訪他，他總希望大家聚焦在菜色、在他老東家「三二行館」，個人式的美言、或是都已創下台灣頂級美食消費市場的紀錄，他還是守著他負責的廚房、管理著餐廳的出餐流程、在乎的是每位饕客的用餐心情，專注著自己的本分。

他總覺得好好做好每季菜色，完成白松露、黑松露、白蘆筍「年度三大盛事」料理，就是對得起自己工作良心，對得起老闆的職場委付，對得起消費者，確實，他早已問心無愧的交出漂亮成績單。

只是，他自己在輝煌、出彩的榮耀之餘，Jimmy 幾乎沒有為自己留下些什麼紀錄。

「你要把個人知名度打開，你本身就是一張名片，而不是倚靠在某某品牌下的主廚。」我這樣告訴他。

他聽懂意思，卻也天真反問：「要怎麼打開個人品牌？」

「出書！」我斬釘截鐵的告訴他，他頓時間，似乎開竅了。這，也促成了這本書的成型。

多次採訪，發現 Jimmy 其實是能說的，有觀點的。如同對美食的好，是主觀的，是見仁見智的。

煮了超過 30 年的菜、在「三二行館」待了 17 年，數字，說明他的穩定性，而此的穩定，源自他深愛美食、享受與頂級美食共伍的快感。

他以時間煲出了屬於 Jimmy 特色的餐飲，他以經歷寫下了個人在台北餐飲界名氣，在這之後，他用文字傳續了他的人生故事和與頂級美食的緣起。

翻開這本書，如同用餐前的儀式感。

開動囉！

資深記者

劉育良

圓夢的開始

有天，我送完來訪的媒體記者後，突然閃過一個念頭：「我每隔一段時間就會受訪、談白松露、黑松露、白蘆筍，17 年來我談過多少道菜、多少次頂級食材的背景，我怎會沒有把這些東西集結起來，當成自己給自己的一個職場見證？」

於是，開始萌生：「我要動筆開始寫餐飲故事！」的念頭。總覺得，有這些紀錄，才是自己廚師生涯 30 多年最完整的篇章。

於是，開始在臉書上 po 文，將自己與世界級米其林星級主廚的合作，把這些頂級食材的作法，一篇篇的在臉書和饕客、好友分享。

或許，老天真的要我把這份工作徹底執行，因緣際會認識了時報出版，彼此相談甚歡後的一拍即合，開始我與書的對話。

做菜做了 30 多年，沒想到我有這麼一天，會把這些工作的過程、故事集結成書，用文字讓更多人認識 Jimmy 主廚，瞭解這些頂級食材的一面。

我想，這是一個圓夢的開始。

小時候家境不好，16 歲國中畢業後，選擇就業；當時的環境，老人家都說要學一技之長，就一定不會餓死，因為家族淵源，選擇了餐飲業，從我阿公那個年代開始的「辦桌」，一路到我父親、小叔、堂哥，甚

至是我親大哥從事的台灣料理這行業,甚至在我國中時代,就曾跟著父親到處辦桌,已練就一身小小的辦桌本事。

出社會選擇就業,為了不想與家族淵源學一樣的菜系,選擇了西式餐飲這個行業,堅持要走自己的路,隻身來到了台北。或許就是一種反骨吧!

80 年代的西餐,其實並沒有如今這麼蓬勃發展,大多是現在看到的「鐵板類排餐」,附個麵包、簡單的生菜沙拉、湯,還有簡單的甜點,當時老師傅俗稱「上海式西餐」。當時當學徒的年代並不輕鬆,進廚房要先學「洗碗」,師傅們的休息時間,我則要利用時間刷鐵板,每天 12 小時以上工作是稀鬆平常,洗了 2 個月,有新人進來,才能晉升,晉升什麼?答案是:「洗鍋子。」

記得那個年代,師傅們都不願教學,當師傅在教某人的時候,自然我們也會靠過去想學習,就會被支開去做別的事情,當時講求人脈,還有派系,我在什麼背景都沒有的情況之下,想起出門前父親叮嚀的話:「偷學。」

「偷學?」

「當你在做事情的時候,耳朵聽的是師傅間的交談⋯⋯」

「當你在做事情的時候,眼睛瞄的是師傅在做菜的過程⋯⋯」

累積了一年多的第一家西餐廳經驗,決定跳槽,其實菜系大同小異,只是能夠真正接觸到料理,就這樣在 10 年內,台北市的大大小小餐廳跑了快 20 家,原因無他,就是「扎根」。

當我到了一家餐廳，無論規模大小，只要裡面的料理我都學會了，我就離開，選擇下一家。

只是西餐廳已無法滿足我的需求，於是選擇了當時台灣還很少的五星級酒店，跟著老外廚師學東西，心想著：「總有不一樣吧！」無奈，英文不行，也只能當個小廚助。我國中畢業，英文 26 個字母寫的出來，拼在一起，完全看不懂，更不要說跟外籍主廚交談，在那個年代，你只要無法跟外籍主廚溝通，永遠只能當廚助，心懷不甘，邊上班邊上美語補習班。

漸漸的，國內的國際連鎖五星級酒店慢慢蓬勃，借這個機會，不斷的往五星級酒店靠攏，也是換了好幾家，好不容易在第二個 10 年以內，當上了某國際連鎖五星級酒店的一家義大利餐廳的主廚，在當時的所有五星級酒店，最高廚務部門的主管，即所謂「行政總主廚」，都是外籍主廚，台灣人，充其量，也只能當個某部門主廚，這段期間，還是得苦練英文，鍛煉廚藝，才能有一席之地。

最近的這十餘年，都在三二行館，邱創辦人給于我一個創作的舞台、盡情揮灑的舞台，因而接觸了許多少數廚師窮其一生也無法接觸的食材，於是有了這本書的誕生，不僅如此，邱創辦人也給了我，身為廚師很重要的開拓視野的機會，與世界接軌，因而在業界有了那麼一點點的成績。

深深記得一位前輩說過：「廚師如果只關在廚房裡面，永遠只會做那幾道菜。」這說明了放眼國際眼界的重要性，世界潮流在改變，也許我的本職學能在現在或未來，不見得有優勢，但是我仍在我的崗位上努力，學習沒有止境，也樂見我曾經帶出來的後輩，能夠到處遍地開花，也給予現在的莘莘學子兩個字：「熱忱」，唯有「熱忱」才能支

撐你在這個行業的動力。

一個煮菜的人用自己勤學的方式，完成了這本書，促成這本書的人很多，謝謝每一位幫過我、給我臉色看的每個人，你們都是成就我出這本書的貴人；也希望透過這本書，將原本是我的餐飲主客戶，能成為我的讀者，看看不一樣的 Jimmy ！

僅以這本書，獻給一路挺我的已故三二行館創辦人邱先生，以及視我如親弟弟一般照顧我的邱太太，對所有邱家人的感念長存在心。

我，因你們而成長。

再以這本書，獻給我的新東家「豐麗保投資有限公司」，讓我以行政總主廚之名，在新品牌「君尹」現代歐陸餐廳再進階，成就我的新榮耀。

僅以這本書，獻給一路支持我主廚之路無怨無悔的老婆，妳讓我很安心的衝刺事業。我們的家，因妳而溫暖。

Jimmy

Chapter 1

Jimmy 的真味廚道

....

主廚養成之路與
長達 20 年頂級食材追尋

十幾歲就能辦桌的少年廚師，一腳踏入
西餐世界，從傳統西餐廳到五星級酒店，
一路在廚房裡偷學，更勤勉自學，直到
能與外籍主廚並駕齊驅。成為主廚後，
擁有了發揮的舞台，更不忘持續學習，
前往歐洲、日本親自向星級主廚請益，
在產地親自感受頂級食材的魅力，目的
只有一個，要為台灣的饕客端上一盤最
好的料理。

Jimmy 主廚的
料理誠心

── 延續一生的廚藝追求與頂級食材體驗 ──

會踏上廚師之路，也許是來自於耳濡目染的家教，

也許還有老天爺賞飯吃的天分所致，

一路上雖有坎坷，也有幸能有所發揮。

有時，做菜看似信手拈來，

那其實是數十年累積造就的駕輕就熟。

35 年後的現在，不管創造多少傳說，

我可以很自信地說，初入行時所堅持的惟願，不變！

而且，我以當廚師為榮。

廚師，或許就是跟定我一輩子的職業。

畢竟阿公、父親、叔叔、哥哥全都是廚師，從小我就跟著他們在廚房裡進進出出。我骨子裡流的，就是廚師的血脈。

我沒有辜負老天賦予的廚師 DNA，雖然擅長的是西式料理，完全不同於家學的中菜傳統，然而，對我來說廚師的職責、料理的精神是不分菜系的，就是：「客人吃的安心、快樂，我做得心安理得。」

在超過 35 年的下廚經驗裡，我也告訴自己：「我的工作是傳承，也是創新。」要把好的食材、味道，透過我的手藝保留下來，再拓展出去讓更多人知道；同時，我也必須用專業，將國外的好食材帶入台灣，讓更多台灣人品嘗這些好滋味。

於是在三二行館的 17 年間，我引進了白松露、白蘆筍、黑松露等世界級頂級食材，看著逐年成長的進貨量、看著饕客接受度日益增高、看著三二行館累積出來的知名度和業績，我很開心，同時也始終堅守著踏入廚師這行時一開始的初衷。

與生俱來的廚師 DNA

小時候因為家中有位長輩是總鋪師，常常帶我去外場「實習」，辦桌的菜餚、手法、火候等等，看著看著也覺得沒有什麼難度。那時候被帶出去辦桌，我還真的沒有什麼特別的感覺，就跟在大人邊轉呀轉的，說不上來是因喜歡而去？還是因為被帶去多次後才產生的習慣？

就這樣跟進跟出，也逐漸跟出一個樣。15、16 歲時，我已經能自己當家，帶上幾位助手，就可以烹煮出一系列的桌菜，最高紀錄是一次完

成十幾桌的桌菜。那次經驗後的心聲是：「辦桌，好像也不是太難的事情。」隨著外出辦桌的次數逐漸增加，「一日廚師、終生廚師」的信念，開始在心裡打下根基。

累積了 3 年多的廚藝經驗，讓我在當兵時，除了站衛兵還要支援伙房，被營部叫去辦桌也很常見。當看著這些來自不同地區、喜歡不同口味的長官們吃得津津有味，我突然驚覺，一位好的廚師，不能只會做自己熟悉那一套菜式，而是要能針對不同客群，做出他們都滿意的菜餚。就這樣，我開始摸索、搜尋、學習新的菜色和烹煮方法，也覺得唯有如此，才能讓自己走出舊框架。

我只有國中畢業，在校成績也真的不好，但是，我待過很多外國人當主廚的酒店、餐廳，可以和他們用英文對談，原因無他，我努力自學英文，因此才能在工作上和主廚們對話，也才有今日的位置。

不間斷地學習淬煉能力

學習，除了語言外，廚藝的精進更是不得鬆懈，在精進的同時也有深深的體會。一開始入行，對我來說，廚師只是份工作，慢慢地從中獲得了成就感，漸漸覺得料理是門「藝術」，是口味的藝術、展現食材特色的藝術、擺盤的藝術、和客人應對進退的藝術。而在領略料理藝術之美的同時，也發現了心中對這份工作的熱忱不曾改變過，也因此我對各種學習都有著這份熱忱支持著，成了鞭策自己往前走的原動力。

熱忱，對我來說是發自內心的喜悅，也是對食材原味忠誠的態度。很多料理都添加了不少的「添加物」，然而關起廚房大門，又有多少人知道內幕呢？西餐裡的醬汁、高湯看似最不起眼，但是背後花費的時間和付出卻是最辛苦。在客人眼前的那碗湯，可能就是我花 3 天時間

由我經手的每一匙醬汁，都是從原始食材開始熬製的。

熬煮出來的成品。

沒錯,我可以花 3 天時間做紅酒醬汁、用 1 天時間煮基礎高湯,或是用 3 天時間做出法式黃金澄清湯,並且堅持用最天然的食材當元素。我的廚房根本沒有味精,這是我自豪的地方,也是我當主廚必須肩負起的社會責任和堅持,我也很謝謝吃得出我料理精神的人。

這些年來,我有很多的成長,回首不同時期、不同餐廳所獲得的學習,都是成長的養分,而工作過程中每位餐飲界的老闆、客人的建議與回饋,更是我精進廚藝的動力。我一直以當廚師為榮,這更是我會做一輩子的職業,是家族光榮的傳遞,也是養育我和家庭的行業。

少年總鋪師的西餐啟蒙之路

16 歲那年,我正式踏入西餐,開始了西餐的啟蒙。

我大哥認識從事西餐的朋友,問我有沒有意願去闖闖看?我沒有考慮太多太久,一口答應,便離開宜蘭老家來到台北。儘管本身略懂中餐,但是,西餐幾乎是全新接觸。新人入行也只能從最基層工作做起,在午、晚餐期,只有洗碗的分,在餐與餐之間的空班,還要刷洗盛裝牛排的鐵板,就在與油膩殘渣、洗潔精為伍的日子中過了一年多。那時根本不知道西餐要怎麼做,因為是菜鳥一個,根本沒有學習或練習的機會。

熬過年餘,終於有了進階的機會,但所謂的進階,也只是從洗碗、刷鐵板,變成刷鍋子,我也很認分地繼續著,心想著:「洗了一年多都是客人吃完後的器具,這下開始洗鍋,至少是餐前的準備,感覺離火爐的距離近了一點。」以一種阿 Q 心情看待,算是給自己的安慰,告

不管幾歲，料理時的誠心不變。

訴自己終於熬過第一階段了。

洗鍋的時候，看似進階，實際上也是更多「觀人耳目」的臨場學習。當年的廚師以嚴厲出名，不只要觀其神色，同時更要學會俐落閃躲，因為廚師工作時都是快動作，如果你剛好站在廚師烹飪、走動的動線上，被熱騰騰的鐵板、鍋子燙傷的機率很高啊！這麼一燙是會讓你呼天搶地的，只是，在熱火朝天的廚房，沒有人能照顧得到你呢！

這樣的日子長達 2 年多，幾乎碰不到與客人用餐有關的環節，直到再進階，開始負責烹煮員工飯菜，終於摸到了菜與刀。

廚房裡的生存之道

開始負責煮員工餐，我終於拿到了菜刀，開始接觸各種食材、調味料，開始學著滿足主廚、同事們各自偏好的口味。有時候前輩會給一點意見，告訴我什麼調味料適合什麼菜，他們簡單提點的一句話，對我來說都像是金科玉律，而且他們不會說第二次，一定要牢牢記住，肯不肯學，就在這一瞬間展現。

肯學，當然是精進自己能力最重要的關鍵，只是，在早期，門派壁壘分明，「我是不是你的人」這 7 個字，會是廚藝快速成長的動力或阻力。我曾經歷過被「排外」的苦，縱使再怎麼有心想學，機會始終比人少，時不我予的挫折感，深深刺痛著我。只是，天無絕人之路，我想起父親不斷告誡的話：「當人家的學徒，你要學會不著痕跡的偷學，學到了就是你的。」

我開始在廚房中用眼睛餘光去看師傅的手藝，倒了幾湯匙的油、醬油？撒了多少的鹽？大火多久後轉小火？悶鍋多久後起鍋？這些師傅

的拿手絕活，基本上不太會直接口述，甚至簡短說幾句也不太可能，真正的功力，是在師傅游刃有餘的烹煮過程中展現，萬一你不幸被排擠無法直接成為嫡傳子弟，偷師、偷學就更顯得重要。就像台語有句俚語說的：「江湖一點訣，說破不值錢。」意思就是徒弟想學習師傅的功夫精髓，就要機靈的「觀其道、聽其言」，唯有掌握到最後關鍵的訣竅，才會有出師的本領。

立定志向與西餐同行

西餐的啟蒙，對我來說雖然看到西餐的風貌，然而，真正參與度卻不高，直到離開了這家餐廳來到另一家以歐陸菜系為主的西餐廳，才確定自此與西餐同行，是我職涯的轉折點。

大概 18 歲多進入歐陸餐飲系統的的餐廳，著實地開了眼界，直到當兵入伍前的 2 年多時間裡，有幸將西餐全貌盡收眼底。正式上班後，赫然驚覺之前學過的餐飲基礎完全不受用，我必需全數的砍掉重練，再加上當時台北開始出現星級國際旅館，打著西方的正規西餐，從餐飲內容、環境、烹調方式、擺盤、服務，都不是早期傳統西餐可以相提並論的，當時我對「學，然後知不足」這句話深深有感。

一開始我負責冷廚，處理沙拉冷盤，逐步可以在砧板上殺魚、切肉，讓我在西餐領域跨出一大步。之後掌控炭烤爐、煎牛排，再進階到負責廚灶，有了「副主廚」的頭銜。對於一個還沒當兵的人來說，是一個多麼值得驕傲與珍惜的機會，畢竟，爐灶是整個西餐廳的靈魂重地，而我能在這麼重要的地方有所發揮，機會難得！我對自己說：「我不再是那個剛進西餐的 18 歲阿弟ㄚ了！」

這家歐陸西餐廳給了我成長的機會和舞台，也是我接觸高檔餐飲、頂

級食材的開始。那時正是台灣景氣大好的年代，高級餐廳陸續開業，從國外進口的頂級食材、餐盤，還有一個又一個洋面孔主廚，引起我的好奇和興趣，看著以前很少見過或是未曾料理過的食物，我開始了另一階段的學習。

為了要了解食物的特性，我在空班的時候學做別人的工作，例如：站冷廚時，就學殺魚、切肉，美其名是幫同事做事，實際上則是藉由聽

確定此生都會在西餐耕耘後，至今不曾後悔。

同事的口述、講解處理方式，讓自己有更多實務經驗。我的「超前布署」其實就是讓技巧熟能生巧的絕活，在有制度的西餐廳，能在 2 年內從新手站到等同「副主廚」位置，真的很不容易，而我只想證明一件事：「事在人為！」我用學習的企圖心，來成就我想學習的西餐世界。

學習的路雖然很漫長，也是有方法的。人家常說：「滾石不生苔」。從 16 歲上台北開始到當兵這 4 年多時間，我用換餐廳的方式來滿足我學習。當進入一家餐廳工作後，我會快速學習我想要的、有用的要素，等到覺得學夠了，就會再找另一家不同類型的西餐，繼續學習屬於他們自己的特點，在最快速的時間內體驗不同風格、面向的西餐，就像是海綿一樣快速吸收，成績是很驚人的。

在店內的學習，除了烹調方式外，連和客人最直接互動的外場，也是學習的地方，如何處理客人的要求和投訴？如何面對客人對於餐飲直接的批評？該在什麼時間點和客人在桌邊互動？每一個小要素的訓練與養成，都很重要，那會成為日後碰上危機時可以快速變成轉機，圓滿解決的能力，只有多看多學，遇到困難時才能臨危不亂。而且學會了、就是我的本領。

25 歲，戴上高帽子成為主廚

雖然當兵前已經有了「副主廚」的頭銜肯定，但總覺得必須再往上一層，也深信機會是留給有準備的人。終於在 25 歲那年，機會回應了我的等待，另一段旅程從歐陸西餐的另一家分店，「北寧店」開始。

雖然兩家菜色不盡然相同，但有過本店的歷練，料理亦是萬本歸宗，覺得依舊是可以發揮和學習的地方，就答應接下這工作，以「主廚」的身分開始掌控一家可以由我全權運作的餐廳，而且當時月薪頗高，

戴上主廚帽，成就了自己的事業，局上的責任也更重大了。

裡子面子都有了，勝任愉快，我一待就是 5 年。

主廚一職，完整了我在西餐領域的履歷，從入西餐廳卻無法接觸西餐料理到可以發揮所長，我的感觸很特別。這是自己辛苦得來的成績單，不能說多麼光宗耀祖，但我知道在過去每家西餐廳的每一個位置的小進階，都是忍受高溫環境、常被燙傷、被排擠後換來的精實經驗，也曾想過就此離開，卻又不願半途而廢，心裡也一直有個聲音告訴自己：「再做吧！可以的！回家會被笑！」說是自我催眠也好、自我勉勵也行，我就這樣熬了過來。

以前渴望、羨慕那頂高高的帽子，覺得很帥，然而，當戴上這頂主廚帽後，無形的壓力接連而來，畢竟，主廚是餐廳成敗的主因之一。餐

飲要有特色、要能與眾不同、要保留西方風味又能兼顧國人口味、指揮調度廚房內的人員、訂貨選買、考量營運成本……這些問題每天都像是老師臨時出考題,而且要能馬上作答且不能出錯,確實這比以前任何單一職位所承當的責任來得重,也是另一種成長的挑戰。而我知道,以後我還會要經營更大、更高檔西餐廳,眼前一切都必須面對、學習、完成。

三十而立,五星主廚的頂級歷練

如果 30 歲是人生成長階段的分水嶺,那麼對我來說,30 歲,是我從西餐廳到星級飯店或國際品牌酒店的職涯轉換時間點,那時候更多的國際飯店進軍來台,市場的供需變得更大,我想著是不是也該放手一搏?離開目前安逸、熟悉的舒適圈,到一個更高規格與更多挑戰的環境中再成長?每當晚上回到家後總捫心自問:「我想要的是什麼?」

面對現實與未知,真的不是簡單的是非題。我所做的決定牽動的層面很多,攸關家庭經濟、職場未來性等等,腦海中不斷盤旋的影像以及夜深人靜時內心的聲音都在告訴自己:「就出去闖闖,我還年輕,就算跌倒了,我還有站起來的本錢!」於是,毅然決然的離開了「北寧分店」。

有時候離開了路更廣,在當時,陸續到西華飯店、遠東飯店、小西華的義大利餐廳任職,這些隸屬飯店旗下的餐廳,論規模、格局、價位、與客人應對進退的禮節,是不同於單一西餐廳的新視野。

我思考著,客單價數千元起跳,賣的是什麼?憑什麼可以開出這麼高的價位?呈現給客人的食材又是什麼?是什麼樣的消費者會趨之若鶩?這幾家賣的都是義大利餐,那麼差異性在哪?

這些問題的答案不是在一時片刻間就能獲得。於是我在工作的同時，再次回歸到以前剛入行時的「觀察」習慣，眼觀周遭，花時間去找尋答案。很多先前的疑問，慢慢地都可以找到真相，唯獨「為什麼這些來自國外的義大利餐廳，他們的主廚都不是台灣人？」這道題，沒有標準答案。這也促使我試著想要改變現況。雖然義大利主廚最懂得義大利餐的特色和精神，但來到台灣，他們又懂得多少台灣人的口味？全盤移植或是口味稍作改變，哪一個會獲得饕客青睞？

為了回答自己的提問，「我要當上國外餐廳品牌的主廚」的信念油然而生，也當成是努力的目標。我需要的是時間，來累積更多專業經驗，以及某些程度的幸運。接下來，我用了將近 6 年的時間，走過當時台北最頂級、一線的五星級飯店內的義大利餐廳，加快腳步去熟悉這個領域的脈動和人脈；運氣，在耕耘多年後出現，也就是目前「三二行館」創辦人邱榮安先生找到我，問我有沒有意願到他準備籌設的新餐廳去當主廚。

邱老闆的邀約，確實給了我很大的震撼。我又再度面臨抉擇，要繼續留在國際星級酒店好？還是另起爐灶好？記得當時我幫邱老闆試菜 2 次，他滿意後正式任用。但，也許老天爺總是喜歡考驗我，那時候「三二行館」還在施工，我的舞台還沒看到，報到令也遲遲沒能下來，讓人感覺很不踏實，我能做的事情也只能從市區的辦公室到施工中的場地看看，在現場想像著未來的廚房的動線如何走？哪裡可以放器材？然而，也僅止於想像，因為施工時間比預期還長。

有一天，也不知道哪來的衝動，竟跟邱老闆說：「我就先離開吧！」我想邱老闆大概知道我因沒有發揮的空間而心生離去念頭，於是安排我到蘇州一家餐廳當顧問，我知道這個安排只是彌補我還不能到「三二行館」上班的缺口，也代表邱老闆延攬我的誠意，邱老闆的禮遇，真

的很感動。因為他顧慮到我的心情、家庭、收入，我沒有任何藉口說不，於是開始顧問工作。

顧問職終究和正式主廚的工作內容不同，少了在廚房實地操兵的機會，改以口說或簡單操作，頓時間工作少了熟悉感，畢竟多年來廚房就是我的舞台。因此顧問工作對我來說倍感「無所事事」，只是坐領乾薪罷了。想了想，二度向邱老闆提辭呈，我說：「老闆，讓我先離開，等你再度發號施令，我再回來。」就這樣，離開顧問職，開始在台北威斯汀酒店，擔任主廚。

我想，會有這些插曲代表好事多磨。邱老闆花了這麼多錢打造屬於他心中的餐飲王國，又照顧到我的心情，是一位可以跟隨的好老闆，就再給彼此一點時間，深信合作終究會到來。半年後，心想事成，邱老闆委請他的大兒子來找我，給我一句話：「你可以來報到了！」我感念邱老闆對我的好，決定再度成為他的員工，我還記得報到日是 2004年的 7 月 1 日，那年我 36 歲。

擁有夢想中的料理舞台

進入「三二行館」，應該是我主廚生涯中最精彩、發揮空間最大，而且打破個人在同家公司任職最久的紀錄，理由無他，只是懷著感念與感恩的心，是對我廚師歷程中最重要的貴人的一份敬意，也因為他完全授權讓我自主，這樣大器的老闆，真的不多見了。我是一個需要舞台的人，即使在五星級飯店當了副主廚，上面還有主廚（當時的時空背景，五星級飯店主廚都是老外）；當了主廚，上面還有老闆會盯著，在這裡，老闆完全信任和放手，說真的，光這點就讓我感動。

身為「三二行館」第一批員工，從草創階段到開始購買鍋碗瓢盆，這

裡的廚房成為我的小王國。

有一天，邱老闆和我在員工走道碰頭，他拉著我的手說：「Jimmy，我們都是一家人。」他以「家人」替代「員工」來表達我們之間的關係，當下聽了，都差點飆淚。

還有一次，邱老闆對我說：「你所有東西都要用最好的，只要可以買到的，公司都支持你。」或許邱老闆口袋夠深，或許他只是想要創造出最頂級奢華卻又低調的餐廳風格，錢對他不是問題。相較於多數老闆用錢錙銖必較，能省多少算多少，他卻捨得砸重金買昂貴食材，花錢不手軟，光是這點，我就比其他主廚幸運太多了。

老闆的授權，就像給了我一道金牌護身符，當時市面上極少見的歐洲

17 年期間，三二行館的白松露、黑松露、白蘆筍三大食材的美味饗宴，已經成為台灣餐飲界年度盛事。

食材，我都想盡辦法、透過各種管道進口，只為了滿足當時仍採會員制的「三二行館」貴客。邱老闆曾經轉述客人的話：「Jimmy 做出來的菜，很有特色。」對邱老闆來說，來自客人的稱讚，不只喜悅更印證他花大錢經營餐廳的想法是正確的。客人的好評，更讓他對我更加信任。

這也是一種善的循環，在老闆、客人和我帶領的團隊中，有了互信、互存、互榮的正能量，餐廳的營運和來客數節節高升，記得在 2014 年 12 月，以三二行館的客單價，還有客桌數，創下當月營業額近千萬的新高紀錄，也證明老闆「用最好的食材」獨到眼光是正確的，創造了「三二行館」成為引領餐飲時尚潮流第一把交椅的地位。

什麼是「三二行館」的特色？這些年來不少媒體這樣問我，我想用最簡單的說法就是：「我把白松露、黑松露、白蘆筍三大頂級食材，炒熱成為年度三大盛會。我相信每年最早登台、最大的那顆的白松露、一定在我手中；我每年賣出的三大食材套餐，數量一定是全台之冠。」

讓白松露國外總代理商曾問過台灣代理商：「Jimmy 是誰？他為什麼可以一次買這麼多？這家餐廳是怎樣的風格？」連續 17 年的採買，打下的是「三二行館」的絕對頂級的企業形象，以及深植於國內金字塔頂端消費者對餐廳的認可，透過頂級食材的引進，也有幸與國際接軌。

西餐頂級主廚的全球取經之旅

2005 年起開始，我在世界各地的米其林餐廳用餐、觀摩，2010 年「三二行館」找米其林主廚來台客座，我不單只是吃摘星的餐廳，更受邀進入米其林三星餐廳的廚房，親眼看到這些頂尖主廚的手藝，見識到讓餐廳享譽國際的星級廚房。我想這些過程只是告訴自己，多看

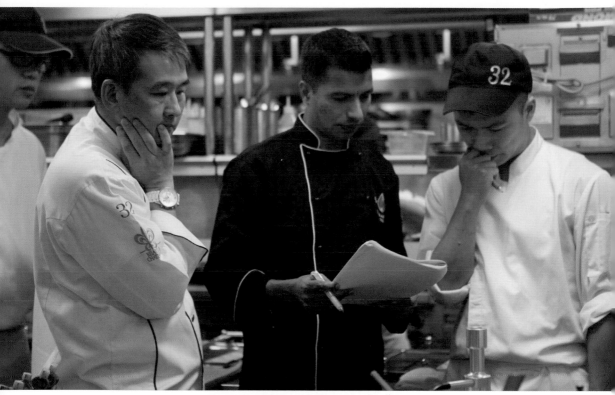

與外籍主廚一同在廚房共事，是非常難忘的經驗。

多學，才能讓自己永保新意，始終有創作發想的原動力。

從 2005 年起到 2017 年，我的足跡遍及日本、義大利、西班牙、法
國、德國、美國、丹麥、香港等地的米其林餐廳，累積出 171 顆星
星的用餐數量，應該是全台吃過最多米其林星級餐廳的主廚。這些視
野，也是能讓「三二行館」昇華的主因。過程中，我深信取經是必須
的，只是，學他人長處之時，也別忘記什麼是初衷。

在「三二行館」的 17 年，幾乎占了我 35 年廚師資歷的一半，如果沒
有之前那些懵懵懂懂的跌跌撞撞，以及一路上如邱老闆等貴人拉拔，

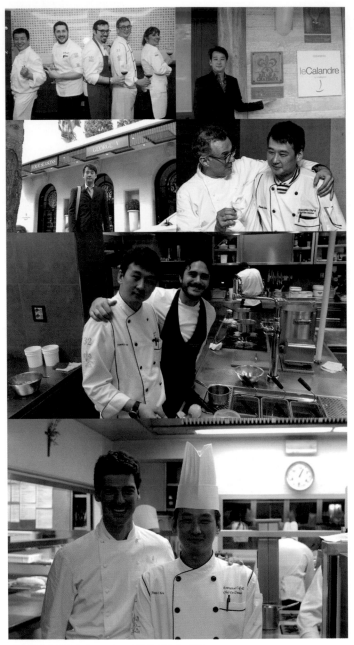

感謝世界各地的主廚們，給了我難得的星級體驗。

也很難創造出我與三二畫上等號，我操作白松露、黑松露和白蘆筍的風光成績，以及「三二行館」從 2018 年起一連 4 年獲得台北米其林評鑑餐盤的殊榮，而其背後，是我與團隊對食物的尊重，以及始終沒有忘記的料理初衷。

屬於 Jimmy 的風格，「真味」而已

對食物的「真味」是我一直堅持的原則，只要是夠新鮮的食物，用對的烹煮方式，就一定可以完全展現出食物最鮮美的味道，「不時不食」或是日本的「旬味」，就是我努力堅守的最高宗旨。

什麼季節會生產什麼食材，都有一定的依循，只有在對的季節用到對的食材，即便只是汆燙、清蒸，都會讓客人在吃完後有記憶點，而不是使用大量的人工調味，去補齊食物不足的鮮甜，那就失去品嘗「真味」的意義。

食材講求真，烹調方式也是如此。用熬煮出的 50 公斤的紅酒醬汁，再慢熬 72 小時後濃縮成 2 公斤的醬汁。真的很少有店家或主廚願意這麼做，只因為非常耗時、耗工、燒錢。但，這種細火慢燉出來的醬汁，才能保留了紅酒醬汁最純真的原味，那不是人工香料或是調味粉可以媲美的醇美。也許對多數消費者來說，未必能分辨出天然或化學添加熬煮的醬汁，只是，對舌尖敏銳的饕客來說，淺嘗即可知曉一二，而一位主廚和店家的信譽，就藏在這些細微處。

我曾天真的認為，既然會做那麼多西餐料理，不如也來開個小型西式料理店，與其在別人底下工作，為人作嫁，還不如自己當老闆，這樣一來扣除成本後都是淨賺，肯定會比領薪水來得多！也就這樣的自以為是的開了店。店一開，周邊鄰居或是過路客等新鮮感一過，客人數量

料理是門藝術，追求真味之外也要有美感。

突然驟減，這時候我開始慌亂了！以前那些客人去哪了？如何把客群找回來？看著庫存的原物料消耗得慢，店門一開就是燒錢的開始……一段時間後信心驟失，之前開店的熱情全沒了，只好忍痛把店收掉，賠了錢還把身體給搞垮。

經驗告訴自己，既然當了廚師，就好好把這工作做好。老闆將廚房賦予你，就好好深耕屬於自己的這一畝田，好好把料理做好，把團隊帶上軌道，甚至訓練出可以接班的新任主廚，這就對得起自己的這份職

責,一心兩用,到頭來傷的還是自己。

一晃眼,在餐飲界超過 35 年了,我一直以最真誠的態度去面對食物、客人,相對的,客人也會用口碑來回報,兩者相輔相成。現在的我很幸運的,寫下了一些台灣餐飲界的紀錄,就留給業界當傳說。對我來說,要讓自己再精益求精,希望可以讓自己的餐廳順利摘星,是一個不強求但衷心盼的心願。我能做的就是把眼前事做好,專注於料理這件事,依舊是當務之急,也是讓自己心安理得的基本。

現在,當大家說到「三二行館」,就會馬上聯想到有位 Jimmy 主廚;想到「三二行館」,會和白松露、黑松露、白蘆筍畫上等號;Jimmy 是台灣廚師界吃過最多米其林餐餐廳的第一人,有了這些評價,我很欣慰這些年來的努力沒有白費。

從宜蘭家傳的根基到台北打拚、發光,再到國際取經,一步一腳印,我期許自己跨出的每一步都要交出成績,這些也都會成為回饋到自己事業的最好養分。

這些光榮,源自宜蘭老家的父親、叔叔和大哥,是他們啟蒙了我與餐飲的結緣,謹守著不讓他們失望的信念,以及人親土親的淵源,宜蘭不少海味和山珍,成為我入菜的一大來源。

走過國際頂級食材之旅後,我還想告訴饕客:「好的食材不見得會多貴!」延續家鄉味,加入國際化的眼光,期待迸發出來的最佳美味與口感,我會用自己始終如一的堅持和理念去完成,創造永恆的滋味。

頂級食材的追尋

自從來到了三二行館，接觸了 17 年的頂級食材後，我可以很自豪的說：「在三二行館使用過的頂級食材，在台灣沒有任何一位主廚多得過我。」同時也成功將「三二行館」與白松露、黑松露、白蘆筍三大頂級美食畫上等號。每年產季一到，這些食材上市時，業界也都會好奇地打探：「三二今年拿走了多少的量？Jimmy 打算會推出有別於往年的新菜色嗎？」這些來自餐飲界的口耳相傳，對我來說，就是最大肯定。

也有很多人問我：「哪些算是頂級美食？你怎麼定義心目中的頂級美食？」我想「頂級」二字因人而異，而且每位主廚、餐飲老闆各自心中都有所選。而我，會用數字去定義，加上我個人的廚師資歷，以及親身體驗後認可的，就是我心目中的頂級美食」。

針對食材的等級，數字，是最好衡量的標準。以數字為基準，可以看食材的年產量、市值單價等等。「價高量少」自然會讓身價水漲船高。就以我用了 17 年的白蘆筍、白松露、黑松露「三大頂級」為例，各自都是平均 3 個月的產期，三樣採購的總成本大概就要新台幣 1,300 萬元，而且成本逐年墊高，客單價自然也就得跟著調升；若單以「購入成本」觀之，17 年下來的支出已經超過 2 億 2,000 萬元，這樣的身價要入列頂級美食，輕而易舉。

除了這三項食材，和牛當然也名列頂級食材榜。早期選用澳洲 M12 等級和牛，1 公斤平均新台幣 1 萬元，1 週的採買成本約 4 萬元，在日本和牛未能進口前，使用了 12 年，算算購入成本就已經超過 2,300 萬元；後來選用日本和牛，1 公斤的價格約 5,000 元，5 年下來又累積 360 萬左右的成本，兩地和牛成本加總達 2,700 萬元，頂級的美味，

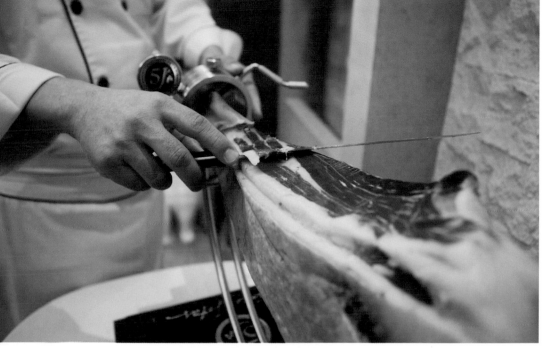

頂級食材的季節性與產量，讓採買金額居高不下，如伊比利火腿，每週約用掉 1 隻，就得花上 8 萬元。

套句台語的形容詞來形容，就是「貴森森」。

還有伊比利火腿，使用量大概是 1 週會消耗掉 1 隻，成本 8 萬元，從「三二行館」開店迄今 17 年未曾中斷，成本支出輕易超過 6,500 萬。光白松露、白蘆筍、黑松露、和牛、伊比利火腿 5 項食材，從我手中支出的成本價超過新台幣 3 億 1,300 萬元，昂貴的採買金額，正是這些頂級美食的身分標籤。

以上的支出金額，彰顯了頂級食材的身價。當然，貴的另一原因也是因為產品的「特殊性」，即便是處在產期，全球數量依然不多，供不應求的產量自然成為搶手的頂級食材。就像白松露，完全無法人工栽

種，只有在秋冬兩季「看天祈求」；法國黑松露則是只在冬季產出；牛肝菌在秋冬收穫，但是極短的產季，加上天候狀況、交通運輸、海關審核等因素，總讓這些「嬌客」只能在市場上驚鴻一瞥，讓這些高檔食材更添幾分神祕。

講究的生長條件造就稀有

「物稀為貴」的狀況，也幫襯了這些食材成為頂級的要因。就以日本和牛為例，大家都知道近江牛、松阪牛、神戶牛並列「三大名牛」，但，松阪牛完全不出口，台灣買不到；神戶牛的話，如果沒有加入組織協會，也是無法採購；最後只剩下近江牛可以在台買到，如此一來，數量有限，價格自然翻揚。

再看紫海膽，頂著日本天皇御用以及米其林三星主廚指定使用兩大光環，讓原本產量就不多的紫海膽，更是頂級中的頂級，只能偶爾飄洋

這是義大利米的稻田，美好的自然環境是頂級食材風味的來源。

過海來台,能吃到的人實屬十分萬幸。法國的「鹽之花」,傳承了八百年前的作法,且必須在寒冷、陽光不足的前提下,才能曬出美麗結晶的海鹽,鹽農只能「靠天吃飯」,產量當然不大,無疑地,身價便拉抬得更驚人。

很多頂級食材,從我入「三二行館」起開始使用至今,累積了 17 年的閱歷,加上這些年來我走遍全球,吃過 57 家米其林摘星餐廳的經驗,一客餐費約新台幣 1 萬元,再加上交通、食宿費用,為了品嘗星級料理,至少花費 250 萬元,在學習成長之際,還同時觀摩這些米其林大廚如何烹煮頂級食材,讓我在購入這些高檔食材後,更能掌握料理精髓,完美演繹這些食材,讓饕客享受頂級食材帶來的豐富口感。

任何食材都有值得品味之處

頂級食材近年來已經成為各高檔餐廳不可或缺的美食要項,饕客們趨

台灣的帕修斯雞,給予雞隻充分的活動空間,吃天然的飼料,讓肉質與蛋都健康無比。

懂得品味食物真味，任何價格都能嘗出好滋味，如同魚子醬。

之若鶩，追求全球限量，一年一會的滿足感，然而，對於多數尋常百姓家，頂級美食嫣然是遙不可及的奢華。那麼應該要用什麼心態去面對這些「高、富、美」的頂級美食呢？

「心態！」我覺得是最重要的，唯有用最健康的態度面對，才可以好好看待這些頂級美食。健康的心態，在於你要懂得這些頂級食材的典故，當你了解後，你就會發現「頂級」原來如此。說的直白點，當這些頂級食材的神祕面紗被掀開後，你會恍然大悟並且進而了解昂貴稀少的原因，想品嘗的話就再視個人的經濟狀況、飲食喜好做選擇。

譬如，同樣都是世界三大珍饈的魚子醬，有些因魚種、品牌，甚至廠商炒作而貴得高不可攀，動輒 1 公斤超過新台幣 10 萬元，那真的不

是多數人可以負擔的，這些超高檔的魚子醬，就留給金字塔頂端的富豪人士去品味，行有餘力的人可以選擇價位較為親民的魚子醬，依然可以享受到魚子醬的美味，偶一為之，就是生活樂趣。

海膽也是，「紫海膽」不是有錢就可以買到，也絕對不是多數人可以接觸到，所以未必一定要執著於「紫海膽」，同樣來自日本北海道地區的許多海膽，也都保有海膽的鮮甜、原味，價格也便宜甚多，「紫海膽」吃不起（或吃不到），那麼，馬糞海膽依舊能滿足絕大多數饕客，讓你津津有味。

當季食材就是頂級風味

選擇這些較為親民的頂級美食，並非要大家「降格」，而是很多食材之所以昂貴，並不是只是價錢問題，而是因為季節、產量、航班、天候等各種因素造成的短缺，身為聰明的消費者，就應該在對的時候吃對的食物。比方說，在該食材的生產旺季選購，價格就會相對便宜，就可以多吃。以頂級食材中的白松露為例，產季是 9 月～ 12 月底，品嘗的最佳時間點落在 11 月，這時候一定可以吃到品質最好，價錢也相對划算的白松露。

這些頂級美食多數都在高檔餐廳出現，因為這些餐廳早已與這些頂級食材的來源接觸多年，也有能力包辦絕大多數的數量，難道對於多數消費者來說，沒到這些高級餐廳就無緣一嘗頂級美食呢？其實未必！有些食材在大型百貨超市就可以輕易買到，甚至像是日本和牛、海膽、干貝之類的，也都有代理商或門市，在店內可以看到最齊全的食材、各等級的價位，可以視個人口感、喜好、預算採買，將頂級食材帶回家，用自己的料理方式大快朵頤，依然能享受絕美好滋味。各頂級美食在家烹煮、飲食方式，在後面章節中將陸續介紹。

Chapter 2

時間是一切

値得等待的頂級滋味

白松露 *Tartufo Bianco*

法國黑松露 *Perigord Truffle*

澳洲冬季黑松露 *AUS Winter Truffle*

白蘆筍 *White Asparagus*

牛肝菌 *Porcini*

羊肚菇 *Morels*

鹽之花 *fleur de sel*

巴薩米克醋 *Balsamic Vinegar*

帕米吉亞諾乾酪 *Parmigiano Reggiano*

白松露

Tartufo Bianco

珍奇稀有的白松露，

無法如黑松露靠著人工栽種樹木培養，全然野生。

產量更受當年氣候左右，完全無法預估。

饕客只能在每年 9 ～ 12 月間，靜靜等待。

等著義大利的白松露獵人們收成，

再經過全世界頂級主廚的巧手，

成為餐盤上最難得的季節限定滋味。

化身白松露魔術師

廚師生涯早期，在其他星級酒店工作時，就知道白松露這個食材了，那時也只能跟著當時的主廚在旁學習觀摩，涉獵一二。加入三二行館後，在邱老闆的支持和信任下，我決定選用大顆白松露入菜。果然，換了一個思維後，深刻體會到大顆的白松露散發出來的香氣特別不一樣，歷年白松露饗宴的累積也造就了話題。

每年的白松露饗宴，已經成為我和饕客們之間的約定。

還記得 2016 年，我買到 1 顆在當地超過 900 公克的白松露，是我經手白松露迄今體積最大的，也創下台灣有史以來的紀錄，還為此開了記者會，當時這顆價值近百萬的白松露到手，一度擔心如何處理？心裡想著要賣出多少套餐才能回本？內心真的很不安穩。還好有位超級買家包下整顆，緊張的心情才得以解除。創紀錄是值得記錄，但，背後隱藏的賣壓，不是一般人可以想像的。

即便如此，對待慕名前來享用的饕客，儘管白松露身價高，每次刨給客人時，也都盡可能「刨好刨滿」，因此每次的桌邊服務，餐廳內客人驚呼聲此起彼落，我笑說：「這是金錢落下的聲音！」2021 年年末，我端出那一季最後僅存的幾顆盒裝白松露，市值約新台幣 120 萬元。在服務客人時，我就像端著房子的頭期款到處轉場，我想，我玩白松露真的已經玩到極致了！」

於是這些年來，業界、媒體乃至廠商給我冠上「白松露魔術師」的稱

天然生成的白松露，大小與數量都無法預估。

號，他們覺得我把白松露玩出話題，不論是 3 個月產期內可以銷售多達 20 公斤、或是 3 個月產期創造新台幣 1,800 萬元的營業額，這些數字就像是魔術一樣，讓各界感到不可思議，就像是變魔術般的讓人驚訝不已。

確實，我玩白松露玩出了心得，不只買到重量驚人的白松露，還可以提供長達 3 個月餐期，想當然耳這已經是台灣高級餐廳無法相提並論的市場競爭力。

回想以前認識到的白松露是吃香氣，但也覺得不怎麼特別，不過在親自了解食材背後的故事、起源，買到最高等級的白松露後，兩相加乘，創造出白松露特有的價值感。

講究的生長環境

白松露是 1 年生的蕈菇類，依附在橡樹根鬚中成長，每年 9 到 12 月底是產季，最佳品質落在 11 月，若在此時未能被挖出，白松露就會在土壤裡腐爛，腐爛後變成菌絲，再與樹根共生養分，隔年季節到了再度孕育出白松露。目前全球最知名的白松露產區在義大利的皮埃蒙特區內的阿爾巴（Alba）地區，具有相當的品質保證，深得古今國際名人鍾愛，像是杜魯門、邱吉爾、瑪麗蓮夢露、蘇菲亞羅蘭、甘迺迪、希區考克、帕華洛帝等等，都是白松露的愛好者。

白松露無法人工栽植，氣溫、土壤養分、濕度，攸關當季白松露的整體品質，因為「渾然天成」的特性，加上必須靠訓練有素的狗來找尋白松露、再以人工方式向下挖掘 1～20 公分處才能採收。百年前，白

白松露要價不斐，但其迷人風味依舊讓饕客們年年朝聖。

白松露無法人工培養，只能仰賴大自然。

松露是透過母豬尋找，據說是因為白松露與公豬的賀爾蒙味道相似，但，當時母豬找到白松露時就會一口吃掉，暴殄天物，於是，松露獵人才改以訓練狗來替代母豬找尋白松露。

在阿爾巴地區，合法的松露獵人必須領有執照，而且每年繳高額稅金才能合法採摘白松露，並循正式管道將採摘後的白松露送至「國家松露中心」（National Centre for the Study of Truffles）取得感官風味認證，並在標籤上註冊打印上認證號碼，自此才是被驗明正身的白松露。

天然生成加上專業採摘以及認證過程，讓白松露的身價居高不下。舉

例來說，每顆規格在 10 ～ 30 公克等級的白松露，每公斤賣價約新台幣 20 萬元；每顆 30 ～ 50 公克等級的，1 公斤可賣到新台幣 25 萬元；若每顆有 300 ～ 500 公克，1 公斤可以賣到新台幣 45 萬元。如果單顆重量超過 500 公克，那麼就得到拍賣會上競標了。在我經手白松露 17 年以來，曾經從拍賣會上買來 1 顆近 900 公克的白松露，寫下台灣史上最大紀錄，為此還上了媒體，真的是因為愈大愈稀少，而且隨著全球氣候的轉變、暖化，大顆白松露已是可遇不可求了。

豐富的層次風味

白松露天生嬌貴，香氣迄今沒有人可以具體的形容，像大蒜味、起司味、潮濕的稻草味、洋蔥味、瓦斯味、蜂蜜味……這些形容都對，只能說味道複雜。影響白松露香氣的關鍵是「熟度」，熟度在於被挖出來的時間以及產季季節的前中後期而定，就像是熟度不足，白松露本身略硬、刷出來的顏色略白，紋路不夠清楚；熟度剛好時軟硬適中、刷出來的顏色略灰，紋路也會比較清楚；反之若太熟，本體變軟、顏色略深灰、紋路略模糊。

白松露如此稀貴，嬌貴之軀當然是搭飛機而來，爭取時間掌握新鮮度。一般白松露出土後，大概平均只有 1 週的保鮮期，在台灣還得考慮飛機航班、運程、檢疫等花費的時間。此外，白松露採摘時本身的「熟度」，也會影響保存時間。

基本上，買到白松露後要盡快享用，若要保存，建議以廚房紙巾 2 ～ 3 層包裹後放到密封罐裡，再以 4 ～ 7 度的溫度冷藏，每天更換一次紙巾，因為白松露會吸收濕氣，濕氣會影響白松露保存。但也不要放在真空罐裡，這會讓白松露無法呼吸，影響品質。白松露有點像是在市場買到的香菇或是新鮮蘑菇，放太久會乾掉、爛掉，趁新鮮吃，才

桌邊現刨，最能享受新鮮的白松露風味。

是王道。取之不易的白松露，對多數人來說，要靠自己來判斷品質並不容易，消費者若要採買或品嘗，找信譽良好的商家、看官方保證是唯二方法。

主廚私房料理手法

白松露吃香氣，愈是新鮮香氣愈好，而且白松露只適合新鮮現刨，不宜烹調或是冷凍。搭配的食材也非常講究，建議以搭配風味清淡的食材為主，如：海鮮、犢牛肉以及雞肉等，有些人覺得和單純的雞蛋料理相配，最能凸顯白松露風味。以專業角度來說，大蒜、起司也是可以和白松露同時入菜。

此外，如果你廚藝佳、又懂得歐洲菜系料理，可以簡單做個雞湯炒麵，起鍋前放入一些風味好的 PARMESAN、一點鹽，再直接刨上新鮮的白松露，那滋味簡直讓人升天。台灣饕客喜歡吃紅肉的牛排或是和牛等肉味較重的食材，基本上這和白松露並不是很搭配，卻也只能在拿捏上做文章，呈現高質感的珍饈。

至多保存 1 週的白松露，趁新鮮吃最好。

簡單的料理，加上新鮮現刨的白松露，就是人間美味。

食材大小事

史上唯一的白松露葬禮

2004 年，倫敦餐廳 Zafferano 以 5 萬 2,000 美元（約新台幣 168 萬元）天價買到一顆頂級白松露，結果捨不得吃、鎖在保險櫃裡擺到發爛。義大利的白松露專家於是向餐廳要回這顆白白被糟蹋的白松露，準備為它舉行葬禮。根據義大利媒體報導，這顆白松露葬在 15 世紀義大利著名探險家維斯浦奇親手栽植的樹下，舉行莊嚴的哀悼儀式，希望這顆白松露來年可以生出更大顆、更美味的下一代。同時，為了彌補該餐廳損失，義大利商家決定送給一些等重、等級較低的白松露做補償，這則故事被以「白松露葬禮」流傳。

法國黑松露

Perigord Truffle

要說頂級食材中的代表，

黑松露絕對當之無愧。

千年以來，人類與黑松露創造出許多美味歷史。

光是在料理上現刨，

其濃郁又層次豐富的香氣，

只要嘗過一次就會被收服！

濕度剛好且香味十足；熟度過頭則潮濕偏軟、香氣較遜；放過頭的自然就爛掉了。

主廚私房料理手法

想在家享受黑松露的香氣，最簡單的方法，當然是以刨刀將新鮮黑松露刨片，搭配任何料理一起享用。黑松露味道深沉，適合任何食材或烹調的搭配，如果是直接新鮮現刨，建議買大顆一點的香氣會比較充足。

另外，黑松露也適合多種烹調手法，可以將新鮮黑松露與高湯混和，比例約 3 公升高湯，對應 100 公克新鮮黑松露，加少許鹽。如果可以的話，也可加少許義大利瑪莎拉酒（Marsala wine），不加也沒有關係。

簡單刨幾片黑松露，盤中的滋味立刻升級。

即使做成醬汁，黑松露的風味
也能襯托料理的美味。

幾乎任何食材都能搭配，是黑松露的一大特色。

等煮滾後再轉小小火，似滾非滾的狀態大約 90 分鐘，猶如慢燉。

燉煮好的黑松露與高湯，整鍋放涼，此時，黑松露與高湯就可以千變萬化，像是第一種：將黑松露任意切，奢華一點就切塊，再淋一點松露汁液，可與任何冷食或熱食搭配。

第二種方法，將黑松露與高湯打成泥狀，做成可以搭配任何料理的「沾醬」，或是拌飯、拌麵。第三種，如果你會做濃湯，就做成松露濃湯。這裡要用的高湯，任何高湯都可以，方便就好。但如果專業一點，會因不同食材而搭配不同高湯，如雞肉料理就會搭配雞肉高湯。除了現刨食用，要做其他料理的話，建議買小顆一點比較經濟實惠。

食材大小事

黑松露的保存方法

黑松露吃的是香氣，本身熟度與否固然攸關品質，其保存方法也很重要。因為黑松露會隨著每天水分的蒸發而減重，需要置放在 4～7 度的冷藏中保存。同時，要使用層層的廚房紙巾包裹保存，放入密封罐內，每天早晚更換紙巾，以保持黑松露的最佳品質。還是建議趁新鮮盡快食用，而且切勿使用「真空」，因為這會讓松露無法呼吸，很快就會爛掉了。

澳洲冬季黑松露

AUS Winter Truffle

來自歐洲的黑松露，全球美食家無人不曉，

然而南半球的澳洲，

季節氣候相反，但生長環境卻相仿的天然條件，

讓歐洲的松露產季結束後，

換澳洲冬季黑松露登場，

帶著與法國 Perigord 黑松露相同的基因，

以絕佳的風味與香氣，

繼續滿足全球美食愛好者的想望。

基本上，澳洲黑松露的大小和形狀差異很大，取決於生長條件，平均直徑為 2〜7 公分，表面顏色從棕黑色、深棕色到灰黑色不等，質地呈現顆粒狀，覆蓋許多小突起和裂縫，而肉質堅硬、緻密、光滑，氣味則帶有濃郁的麝香味，常被形容成大蒜、森林地皮、堅果和巧克力的混合物；至於果肉具有強烈的微甜、鹹味和泥土味，接近胡椒、磨菇、薄荷和榛子的味道。

主廚私房料理手法

澳洲黑松露有明顯的濃郁香味，與歐洲黑松露相同，非常適合於各種烹飪，最好是在新鮮或是輕微加熱料理中使用。通常是磨碎或是切成薄片，它們的味道在奶油、脂肪和帶有澱粉的中性菜餚中更加風味突出，如米飯、義大利麵和馬鈴薯。

松露也可切成薄片，放在禽類的皮下煮熟，或者加入焦糖布丁、冰淇淋、奶油凍等各式甜點中。也就是說可以和各種蔬果、澱粉、海鮮、肉類、甜品等完美組合。

黑松露風味百搭，深受饕客歡迎。

澳洲黑松露不論是磨碎或切薄片，現刨或烹煮都適合，甚至搭配甜點也能有絕妙風味。

新鮮的澳洲黑松露用紙巾或是吸濕布包裹，並放在保鮮密封容器中，放置於 4 ～ 7 度的冰箱中冷藏，大約可以存放 1 週。松露應保持乾燥才能保有最佳的品質和風味，因為黑松露在儲存時會自然釋放水分，保存時必須每天更換紙巾，防止水分聚集。

食材大小事

澳洲在地人與松露

黑松露在澳洲的美食界被使用的時間仍不長，對廚師和消費者來說，仍具有相當大的開發空間，2020 年因冠狀病毒流行而實施封鎖，反而讓澳洲境內的黑松露銷售大增，此外，有一些活動體驗，如讓澳洲人透過在森林中尋找黑松露等，進而更加認識黑松露。

如果你還沒品嘗過黑松露的滋味，別忘了下一個產季來臨時，趕緊預約！

白蘆筍

White Asparagus

不論是古代歐洲還是現代，

白蘆筍都擁有頂級食材之名。

清脆口感，鮮甜滋味，光是水煮風味就很迷人。

每年春季，世界各地的饕客，

都會被這餐盤上的春天紛紛吸引，

用白蘆筍的滋味開啟新的一年。

2005 年，是我來到「三二行館」第二年，因緣際會接觸到白蘆筍。眼前初次見到的頂級食材對我來說是新鮮的體驗，也是挑戰的開始。在此之前，每到春季時，心裡都會想著：「這個季節該拿什麼給消費者？」現在，有了白蘆筍這項食材，但是又該如何呈現？況且，在此之前，我從沒嘗試過烹煮白蘆筍。

腦筋一邊構思著料理，一邊開始大量翻閱和白蘆筍有關的資訊。思考的問題很多，該怎麼從國人習慣蘆筍的烹煮方式中跳脫出來？既要維持白蘆筍的品質和風味，又得突破舊有的印象，確實好難！而且當時 1 公斤規格 32 ＋的白蘆筍要價新台幣 3,200 元，1 支白蘆筍也就約 120 ～ 150 公克，其身價之昂貴可見一班。對於吃得起白蘆筍的饕客來說，我要給他們怎樣的驚喜？

我用各種方法來嘗試料理白蘆筍，包括用高溫煮、整根香煎、炭烤、炙燒、沾裹醬衣，甚至酥炸，藉由不同方式，來測試白蘆筍的口感和風味，反覆練習，聽取每一位饕客品嘗後的心得，慢慢地，累積出屬於自己對白蘆筍的烹煮手感，在開春之際提供饕客最鮮甜的白蘆筍饗宴。

往後每年春季，大約可以銷出約 2,000 支、將近 250 公斤的白蘆筍。我在三二行館寫下了另一個食材紀錄，與白蘆筍的感情，也從當時開始，一路延續。

歐洲皇室專享的貴族蔬菜

「皇室最愛，過時不候」這 8 個字說明了白蘆筍的尊貴與特色。

白蘆筍之所以成為蔬菜中的貴族，最大因素在於產期很短。北半球每年只在 4 ～ 6 月間生長，產期約 8 ～ 10 週，視當年氣溫、濕度而異。

白蘆筍的各種料理方式，我幾乎都嘗試過了，各有不同的滋味。

雖然是歐洲市場中常見的蔬菜，但是頂級白蘆筍必須身形粗壯肥大。

因必須趕在太陽升起前採收，更顯嬌貴，於是有了「貴族蔬菜」美稱。

法國 32 ＋白蘆筍堪稱白蘆筍界最高等級的代表，所謂的 32 ＋就是根部直徑超過 3.2 公分，22 ＋就是 2.2 公分，以此類推。當然，不同國家的產區標籤方式也未必相同，如荷蘭，A 就是根部直徑超過 1 公分，AA 就是超過 2 公分，AAA 則是超過 3 公分。基本上，歐洲白蘆筍，大多以 1.6 公分～ 2.2 公分為主，愈粗的生長時間就愈長，成本自然更高。

我一開始接觸白蘆筍，就是 3.2 公分等級或以上的品質，這個等級除了能作出市場區隔外，以我的經驗來看，直徑較粗的白蘆筍，才能有清脆口感，而且保水度佳、甜度也會增加。清脆，是頂級白蘆筍的口感，選用較粗的好處是，當削掉 2 ～ 3 層皮後，依然可免於烹調後產生軟爛的情形。

主廚私房料理手法

首先，將白蘆筍的皮削掉，想吃嫩一點的，可削 2 層皮，切除根部，約整根白蘆筍四分之一的長度，如果不想耗損這麼多，至少切掉根部 2 公分，千萬不要覺得浪費，因為切除的部分口感真的不好。

取用一個寬鍋，直徑足以置放整根白蘆筍就可以。加入清水或高湯，份量只要能蓋過食材即可。將清水或高湯煮沸後，再放入白蘆筍，以中火煮 4 ～ 5 分鐘，即可。

取出後可以直接沾鹽之花或其他海鹽食用。當然也可以將白蘆筍切斜段，就像炒綠蘆筍一樣，加上自己喜歡的任何材料都可以。

吃白蘆筍，除了到餐廳品嘗，如果想自己料理，也非難事。

基本上，水煮是白蘆筍最常見的烹調方式，最能品嘗其清脆口感，蔬菜本身鮮甜的美味也不會全溶於水。有人會問到底要煮多久才能有最好的口感？上述提及的 4～5 分鐘只是個參考，事實上，白蘆筍削完皮後是可以生吃，可以不必太在意水煮多久的。

食材大小事

白蘆筍的保存

愈新鮮的白蘆筍，本體乳白色會更均勻，若是淺褐色部分多，就表示愈不新鮮，趁新鮮吃就是最好的品味方式。若需保存，建議選擇深且窄的容器，在底部鋪上廚房紙巾，加入約 0.5 公分高的冷水，將白蘆筍直立、根部朝下置放，上面再蓋 2～3 張沾濕的廚房紙巾，覆蓋於筍尖放置於冰箱冷藏即可。

白蘆筍與同樣有口感的鮮蝦搭配，風味與體驗都更加豐富了。

牛肝菌

Porcini

與日本松茸、法國羊肚菇齊名的義大利牛肝菌，

就連法國國王與瑞典貴族都為之傾倒，

不但有「蕈菇之后」的美名，富含營養的牛肝菌，

亦有「窮人牛排」稱號。

享譽國際的蕈菇之后

除了松露之外，日本松茸、法國羊肚菇，義大利牛肝菌，合稱世界三大蕈菇。牛肝菌吃起來口味、香氣和松茸有異曲同工之妙，百年前原產於歐洲和北美，是一種野生菌種，如今已散布各地，產量大，深受消費者喜歡。

牛肝菌，俗稱「義大利蘑菇」對我來說並不陌生，早在星級酒店工作時就已經接觸過了，也在幾次前往義大利米其林餐廳見學時，看到了主廚如何將牛肝菌入菜，自己走訪當地市場時，也看到大量的牛肝菌陳列，價格的差異就在於等級的高低而已，看來這是一項已經深入義大利家庭的食材，或許也能同時展現義大利精神。

在植物學上的學名為 Boletus edibus，屬於牛肝菌科，在世界各國各有不同的稱呼。它們單獨或小規模的生長，叢生於樹種基部。由於菌根性質，牛肝菌不容易培養，其地下菌絲線只能與周圍植物的根部共生，這種複雜卻又微妙的關係，讓牛肝菌多數生成於義大利中、北部山區松樹、冷杉、鐵杉、橡樹等森林中，且只能以手工精心採集而成。

在森林裡生長的牛肝菌，需要人工細心採摘。

牛肝菌因營養豐富又風味獨特而大受歡迎。

牛肝菌不論大小，莖都非常粗，圓形帽蓋直徑平均為 7 ～ 30 公分，
紅棕色至深棕色的菌蓋光滑，略帶黏性，年輕時呈現凸起狀，隨著年
齡的增長而變平。奶油色的莖平均高 8 ～ 25 公分。不同種類的牛肝
菌的大小不一，每年 8 月到秋末生產的牛肝菌（或是國王牛肝菌），
有些帽蓋直徑可達 1 英尺，重量甚至可達 2 磅（約 900 公克）。

吃一口義大利的秋天滋味

牛肝菌的義大利文為 Porcini，意思為「小豬」，有趣的是，正因為
豬也愛吃，於是也有「豬蘑菇」的綽號。此外，當地人非常珍視牛肝
菌，會將它們放在特殊容器中烹煮，甚至將牛肝菌稱為「蕈菇之后」。
歐洲各國也很愛吃牛肝菌，早在 18 世紀，法國出生的國王卡爾約翰
十四世和瑞典貴族酷愛牛肝菌，甚至稱這種蕈菇為「卡爾約翰」，藉
以紀念國王。

秋季是牛肝菌豐收的季節，「把義大利秋天的味道帶回家」這句讚美，
為這個食材增添了浪漫的想像。不過，新鮮牛肝菌不易取得，倒是帶
點辛辣的乾燥牛肝菌是義大利麵醬、湯和肉汁的絕佳搭配食材。早期
牛肝菌數量眾多時，因為富含鐵、維他命 C 和 A 等營養價值，還被稱
為「窮人牛排」。也因為牛肝菌在義大利大受歡迎，採集受到嚴格管

新鮮牛肝菌簡單調味最能呈現最佳風味。

羊肚菇

Morels

蕈菇類裡的黑、白松露，是頂級食材中的王者，

同樣在蕈菇類中，羊肚菇也頗富盛名。

不僅風味獨到，也富含營養。

在料理上也是百搭，有機會品嘗新鮮羊肚菇，

可千萬別錯過！

蕈菇類裡有黑、白松露，因為物稀為貴，名列頂級食材，在這兩大食材之外，還有「蕈菇之王」美稱的法國黑香菇（Morel），就是我們常說的「羊肚菇」，也在頂級食材之林。其身價雖然略低於黑白松露，卻也不惶多讓，頂著盛名、無法人工培育、比牛肝菌更少的稀有程度，成為法國星級餐廳在每年 3 ～ 5 月之間指定的奢華食材。法國黑香菇的身價，可以從歷年來價格的變化得知，我記得十多年前購入時，就已經創下 1 公斤近新台幣 6,000 元的價格了，近年來，價格更高了，因為產量更少，甚至在當地就已經被採購一空。

此外，從我在法國吃到新鮮的羊肚菇，再引進台灣當成料理的一部分，可以感受的是新鮮的羊肚菇愈來愈難購得，且成本愈墊愈高，再加上空運所需時間造成新鮮羊肚菇的保鮮度下降，近年來減少羊肚菇入菜的考量，只因，不想用乾燥羊肚菇來替代新鮮的羊肚菇。

獨特魅力無法抵擋

據說從恐龍時代就已經存在的羊肚菇，從其 DNA 的研究發現，羊肚菇在過去 1 億年中幾乎沒有什麼變化；甚至關於羊肚菇的歷史以及與人類口味的關係，知者甚少。那麼，羊肚菇的魅力何在？

羊肚菇之所以受歡迎，在於其味道、質地、外觀受到青睞。吃下的部分是地下生物菌絲體的子實體，幾個世紀以來，羊肚菌屬一直是真菌學家無法定奪確定亞種數，命名也一直在修訂，然而，對於外型可以是圓形到球根狀、顏色可以是金色到灰色，最明顯特徵是通常被描述為蜂窩狀的外觀，是北半球溫帶地區高經濟價值的產業。

羊肚菇的生長條件脆弱且無法種植、產季也短。帽蓋呈現不同樣貌，平均直徑為 0.2 ～ 0.7 公分，菌柄是白色的，平均長度為 2 ～ 9 公分。

鹽之花

fleur de sel

鹽，是人類飲食生活裡的必需品，

海鹽，更是來自海洋的禮物，

在適當的溫度與溼度之下，

才能形成的鹽之花，更是難得！

鹽之花帶著淺淺的迷人花香，

不只是提升料理風味的絕妙添加，

自身更是有足夠的份量，成為頂級食材之一。

在陽光與風的作用下，自然結晶的海鹽有著豐富的滋味，是多數料理的最佳夥伴。

要收穫經典的海鹽與鹽之花，需要鹽農手工處理。

鹽,看似最日常不過的食材,怎也可能入列頂級食材之林呢?當你想想,每50平方公尺的鹽田,結晶不到500公克的鹽之花,是一般海鹽產量的1／3,每年只限定於6～10月期間採收,就知道這鹽不能等閒視之,嘗起來回甘、帶甜味,讓人印象深刻。

美味的海鹽來自於這壯觀的鹽田。

所謂鹽之花,是一種如薄冰般漂浮在海面上的白色半透明鹽粒結晶體,其成長條件十分嚴苛,氣溫、風向、風力,都足以影響該季的產量,而且需要人工採收,目前包括法國、義大利、西班牙等國都有生產,但以法國葛宏德(Gúerande)這個鹽區所產的鹽之花最富盛名。

葛宏德鹽區位於法國布列塔尼南邊,屬於河口溼地,是歐洲最北的鹽田,大約中世紀就已經開始產鹽。

孕育鹽中精品的鹽田

要介紹鹽之花,得從鹽田開始說起。當海水漲潮時進入鹽田渠道中,仰賴風吹和日曬讓水分蒸發,在結晶池中形成結晶,以全天然和人工方式採集,在海洋、太陽和風三大因素左右下的葛宏德鹽區,沉積在鹽田底部的鹽結晶,因為直接接觸黏土,得以吸收存在黏土土壤中的礦物質和其他天然營養物,因此顏色呈現灰色。經過日曬的海鹽,一開始是粗灰鹽,是未精製、洗滌、加工的純天然鹽類。再將粗灰鹽單純予以日曬、風吹乾燥後,再磨成細鹽顆粒,便成了葛宏德細海鹽,此時的鹽仍未經洗滌、漂白。

為了不讓鹽田受到冬季酷寒天氣或惡劣氣候的破壞，鹽工會讓鹽田泡在水裡，並隨時修復可能受到壞天氣影響的鹽田，隔年 3 月，鹽工須清除雪水、雜草、泥濘、重新堆砌黏土堤道，準備迎接夏季的生產季節。在夏季，平均一位鹽工需要照顧 50 ～ 60 個結晶池（約 3 ～ 4 公頃），若遇到夏季多雨，勢必影響產量，而夏季收成的海鹽，將在 11 月中旬開始包裝出貨。

無法複製的鹽中之王

至於有「鹽中之王」美稱的鹽之花，是在少數炎熱的午後，在葛宏德結晶池中的海水表面上，因太陽和乾燥的內陸東風雙重作用之下，鹽田裡的海水開始蒸發，在表面上形成極細緻的鹽結晶，稱為鹽之花。

鹽之花的產生，得完全仰賴天候，濕度太高、陽光不夠，或是雨天，就沒辦法產生鹽之花，也因獨特的結晶形狀，使其能浮在表面沒有接觸到黏土，顏色明亮純白，並帶有紫羅蘭花香的甜味餘韻。最適合灑在料理上或沾取食用，能襯出料理的風味，更能提鮮。也有烘焙師將鹽之花運用在法式甜點上，創造鹹甜平衡、多層次味覺的獨特風味。少少的一點鹽之花，輕易地征服了世界級的美食家及主廚。

人工無法複製的天然條件與絕佳風味，讓鹽之花成為全球頂級食材中，最搶眼的調味聖品。

主廚私房料理手法

一般在家裡料理，拿鹽之花來當鹽用，是有點浪費的！雖然可以讓料理有獨樹一格的風味呈現，但是我還是建議以「搭配性質」使用是最好的方式。例如：當你做好一道美味的食物料理，輕輕地將鹽

可以的話，讓海鹽與鹽之花成為你家的必備調料吧！

潔白的鹽之花，有鹽中之王的美稱。

之花灑放在你做好的料理上面，薄薄的就可以，或是當作沾料，搭配煎好的魚肉、烤好的牛排，更能凸顯出食物的美味。

食材大小事

認識其他天然鹽

有了對鹽之花的認識和了解後，坊間還是有各種不同鹽，除了你我身邊常見的精鹽之外，如海鹽、岩鹽、玫瑰鹽等，因製作方式、成分和產量不同，在價位上也有所別。

「海鹽」是人類最早使用的食用鹽，透過蒸發海水製成，在外觀上顆粒會比較大，所含的礦物質也不同，鹹度也會因為不同海域而不同，普遍來說，海鹽比較接近天然，對人體來說比較沒有負擔的；風味上就是鹹度稍低一點，至於是否比較甘甜？就需要拿 2 種鹽同時試吃，才可能感受到差異性。

此外，還有「岩鹽」，是石鹽通用名稱，它是一塊岩石，不是礦物，與料理用鹽的不同，儘管它們確實具有許多共同特徵。岩鹽遍布世界各地，各地乾旱區的乾湖床、內陸邊緣海及封閉的海灣和河口都有沉積物。在地質歷史的不同時期，非常大的水體，例如：地中海和現在大西洋等，也蒸發並形成了大量的岩鹽沉積物，這些沉積物後來被海洋沉積物掩埋。

但由於岩鹽的密度低於構成上覆沉積物的材料，因此鹽床經常「衝」穿沉積物以形成圓頂狀結構。跟海鹽一樣，不同地區的鹽礦內含的鹹度、礦物質不同。按照其含鐵質多寡，顏色有偏白色、淺粉色、深粉色。常見的玫瑰鹽就是屬於岩鹽的一種，外觀呈現如玫瑰花般的粉紅色澤，所以才有這樣的稱呼，含有大量的鐵質，主要產自巴基斯坦喜馬拉雅山脈地區，因為喜馬拉雅山長的非常高，不容易受到人為汙染，採集方式也是純手工，普遍認為是最純淨的鹽之一，微量礦物質也是所有鹽中之冠。

巴薩米克醋

Balsamic Vinegar

必須代代相傳才能創造的滋味，

起源於住家閣樓，在自然的環境中，

慢慢改變、慢慢淬煉，

讓年分不只是飲品的專利，

讓醋登上頂級食材之列，

也只有巴薩米克醋做得到了！

桶內沉睡著的不是美酒，是代代相傳的巴薩米克醋。

從事義大利料理 20 餘年，過程中一定會接觸到義大利醋，尤其近 10 年來，愈來愈多消費者認識，並且開始享用，讓義大利醋的知名度大開。

義大利醋和一般的醋有什麼差別？簡單來說，一般的醋比較接近液態、甘甜度比較不好；頂級的義大利醋帶有陳年的葡萄酸，而且因為製作和熟成過程的繁複，頂級的義大利醋非常昂貴，陳年 12 年、50ML 的規格，1 瓶大概就要新台幣 6,000 元，早已超過一般人對於醋的價錢認知。

全球最知名的義大利醋法定產區在摩德納省（Modena），必須經過

DOP（Protected Designation of Origin），也就是義大利原產地名稱保護制度的認證（原文為 Denominazione di Origine Protetta），提交嚴格的生產政策，才可以稱為巴薩米克醋。巴薩米克醋完全由葡萄汁製成，在橡木桶中陳釀多年，逐年自然變稠和孕育芳香，每年也都會更換至杜松木、桑樹、白蠟木、櫻桃等木桶中，藉以吸收各種木質的香氣。目前摩德納省出產的醋有 2 種規格，分別為至少陳釀 12 年的 Affinato 以及至少陳釀 25 年的 Extravecchio，口感濃厚香甜，也只有這 2 款被 DOP 認證。

百年等待才有的風味

陳年醋的起源眾說紛紜，甚至有些已不可考，文獻記載曾被用於贈予貴族、國王和知識份子，以示尊榮，甚至也因其藥用價值和高單價，

25 年的陳年醋，濃厚香甜，也有經過 DOP 認證。

從產地到產品，巴薩米克醋的每一個關卡都有嚴格把關與認證機制。

巴薩米克醋的製作規則，是只在家族內流傳的獨門祕方。

直接搭配起司或無花果，是頂級吃法。

而被列入嫁妝中。

大約 19 世紀，巴薩米克醋工藝大廠在摩德納鎮上已建立釀醋農場，通風良好的農舍裡面存放著進行發酵、成熟和陳釀的木桶，並種植最適合此種醋的葡萄品種：典型的白葡萄（Trebbiano）和紅葡萄（Lambrusco）。每年 1、2 月間進行慢煮、醋化等程序，逐年更換木桶熟成，濃縮出具有天鵝絨般的深棕色，其和諧宜人的酸度、豐富果香、奶油般滑順口感，是其最大特色。

在摩德納，不乏百年以上的釀醋廠，世代傳承下來的祕密和規則都必須被遵守，尤其必須在在通風良好的閣樓。因當地冬冷夏熱，有助葡萄汁自然發酵和濃縮，在不同的優質木桶中熟成，經過長時間後再包裝販售，因為這些醋都是匠心獨具，是這些百年家族文化和情感的產物，加上具有 DOP 認證，價格自然不便宜，和目前工業化大量生產的醋，不論口感、製程、價位，都有天壤之別。

閃料水晶覆蓋的外盒，讓這罐陳年醋更顯奢華。

頂級義大利醋與時尚相遇

我還有一款珍貴的巴薩米克醋，由百分百煮熟的葡萄在不同的木桶中陳釀 50 年，以獲取木材的特殊風味和味道，柔軟的質地和豐富的味道，使其成為搭配各類菜餚的最佳選擇，甚至可直接倒在湯匙上單獨品嘗，餐前可刺激食欲，餐後可幫助消化。50 年陳年醋，還有限量版的立方體盒子，由 3,840 顆圓型的施華洛世奇水晶覆蓋，閃閃迷人，奢華無限，視覺和味覺雙享受，這也是唯一一家與施華洛世奇簽訂合作的食品公司。

主廚私房料理手法

當你擁有 1 瓶巴薩米克醋，可以單獨品嘗，也可搭配其他食材使用，從開胃菜到冰淇淋、草莓等甜品，從生牛肉到魚子醬，甚至搭配起司，都會有不同口味的驚喜。還有照片中示範的搭配新鮮無花果，甚至搭配本書介紹的起司之王（P.114），都是絕佳的美食體驗。

食材大小事

連國王也著迷的好味道

曾經有這樣一個關於巴薩米克醋的故事。傳說法國國王有一次拜訪一位公爵。公爵拿出了家裡珍藏的巴薩米克醋招待國王，沒想到國王喜歡到離開時，命令軍隊把公爵家裡的巴薩米克醋都帶走，公爵非常難過。後來國王的釀酒師來信，表明醋都壞掉了，要來請公爵傳授製作程序，公爵依舊不藏私的教導，據說形成了巴薩米克醋製作的重要文獻。連國王都為之傾倒的好滋味，有機會的話，你也嘗嘗吧！

帕米吉亞諾乾酪

Parmigiano Reggiano

時序,給人們的提醒,不只是氣候的改變,

一點一滴的時間過去,也能成就另一種美味。

帕米吉亞諾乾酪,就是這樣的食材,時間愈久,風味愈獨特。

甚至發展出法規保障,確保起司之王的地位。

請一定要好好品嘗,王者的風味。

帕米吉亞諾乾酪，有起司之王的稱號。

我從事義大利料理 20 多年，早先跟著義大利籍主廚共事，「起司之王」帕米吉亞諾乾酪（Parmigiano Reggiano）絕對是廚房裡不可或缺的食材，這食材在義大利也有多家商家生產，但風味相異。關於起司，我向來只選用帕米吉亞諾乾酪，堅持以最好的品質待客。好品質自然價位也較高，被義大利正統「PDO」認證的帕米吉亞諾，1 公斤市價約新台幣 800 到 1,000 元之間，若是未經認證的，每公斤價格從幾十元到數百元不等，落差之大，足以證明起司之王高人一等的身價。

帕米吉亞諾乾酪聞名全球，其歷史可以追溯到千年前的中世紀，相傳當時義大利本篤會的修士為了延長牛乳的保存期而創造了這款乾酪，經過至少 1 年的熟成，造就出濃郁而富有層次的乳香，愈咀嚼愈能感

即便至今日，帕米吉亞乾酪仍需大量手工製程來確保「起司之王」的風味。

大量人工加上熟成時間，帕米吉亞諾乾酪一點也不簡單。

受甘甜、鮮純風味，占滿整個味覺，口腔中帶有些許粉質的口感，白色顆粒則是胺基酸的結晶體，熟成愈久結晶體愈多。

目前，全義大利只有帕瑪（Parma）、雷吉歐（Reggio Emilia）、摩典娜（Modena）、波隆那（Bologna）、曼托瓦（Mantua）這 5 個地方為 PDO 的法定產區。也就是說這裡從牛隻的生長、餵養的草食、製成的手法、熟成的時間、最後的檢測，都必須符合義大利政府規定的法規，在如此嚴格規定且完全遵循傳統的產品，才能被冠上帕米吉亞諾乾酪。

手工製程與時間交織的風味

有了對帕米吉亞諾乾酪的了解，再來就是其製作過程。首先，銅鍋中放置一夜的牛奶，將其已經凝結的乳脂撈除成了脫脂牛奶，並加入新鮮牛奶持續攪拌，專業的師傅以其經驗加入乳清，讓牛奶加熱至 36 度時，加入凝乳酶，約莫 10 分鐘就可讓牛乳慢慢凝結。

此時，專業的師傅拿起一個很像打蛋器的圓形工具「Spino」，將凝結的牛乳打散成細小的碎塊，再加熱至 55 度，藉由高溫讓凝乳塊質地漸漸乾燥，並排出多餘的乳清。經過 1 小時等待，師傅會用事先鋪在鍋底的麻布把凝乳塊包裹吊起來靜置，直到不再滴落乳漿後，再把乳塊分成 2 塊。以這種方式處理製成，超過 1,000 公升的牛奶大約只能取得 2 塊約 50 公斤的乳塊，開始進入到下一階段的後製。

師傅會連同麻布、乳塊一起放入模具中，再壓上重物逼出多餘的水分，也同步將印有生產年月日、PDO、產地、Parmigiano Reggiano 等資訊的塑膠板包裹在乳塊的側邊，將其壓印上。此舉完成後便會進入約 20 天的浸泡鹽漬，增強乳塊的風味。由於外皮會因脫水而變得

堅硬，色澤從乳白轉為金黃色，在浸泡時間內則需要定期翻轉乾酪，以確保每面都能有足夠的鹽漬效果。20 天過後則達到至少 12 個月的「熟成」狀態，當地工會也會派出專家檢定這批乾酪，符合標準的則會被高溫烙鐵鑄上「Parmigiano Reggiano」印記，宛如這塊乾酪的血統證明。

通常，熟成的時間從 12 個月起跳，每個商家各有不同的設定標準，最高可達 60 個月，不過，通常熟成 36 個月的已經算是非常頂級的了。也就是說，當你享用這些乾酪時，都已經是至少 1 年前，專業人員費盡千辛萬苦製成的成果，得之不易啊！

主廚私房料理手法

品嘗起司之王，可以選擇切成塊狀單獨吃，建議買熟成 18 ～ 24 個月的，因為帶點濕度，比較好入口。單吃時也可以配紅酒或是沾上義大利陳年醋；若是要搭配義大利麵或是飯類，建議買熟成 24 ～ 36 個月的，味道比較濃郁。

不同的搭配，記得選擇不同的熟成時間。

食材大小事

認定工會標籤就是正品

通常消費者看到的乾酪大約有 3 種，磨成粉的、刨成絲的、切成塊狀的、前兩種通常沒有帶外皮，不容易辨識真偽，唯有透過外包裝看看有沒有工會的標籤等字樣；至於頂級的塊狀帕米吉亞諾乾酪，由於有外皮包覆，足以辨識真偽。

帕米吉亞諾乾酪是我廚房裡的必備食材。

Chapter 3
挑剔與堅持

造就絕佳肉品與美味主食

和牛 *Wagyu*

布列斯雞 *Poulet de Bresse*

非籠飼雞蛋 *The Cage Free Egg*

帕瑪火腿 *Prosciutto di Parma*

伊比利火腿 *Jamón ibérico*

陳年義大利米 *RISO*

和牛

Wagyu

和牛，光是看到油花分布，

就不難想像烹煮過後是何等美味。

一直都是在頂級食材榜上的和牛，開放進口後，

立刻在台灣成為一股美食潮流。

和牛風味的祕密，不只是嘴裡那股難以形容的美味！

記得十幾、二十年前我在東京第一次吃到「米澤牛」，那一口的美味真的是驚為天人，也留下深刻印象，心想著：「是不是也有機會把這麼好吃的日本和牛，加到我的菜色中呢？」

2017 年年底，日本和牛解禁後，睽違十多年的和牛熱潮再現，各類型餐廳不約而同以「日本和牛」當噱頭。就在日本和牛的風潮下，相信多數人都聽過「A5 黑毛和牛」，這代表了日本和牛的最高等級。什麼是 A5 ？其意義又是什麼？

A5 代表此店家的和牛肉品質，級數是由日本食用肉等級認證協會制定的統一標準規格。A、B、C 的英文字母是指在去除內臟、皮之後，從一頭牛上可取得的食用肉比例多寡，A 最多、C 最少。英文字母後的數字，則以油花的分布、肉的色澤、紋路等細微處來評斷肉的品質，5 為最高等級，1 為最差。

飼養環境是關鍵要素

不過，並非所有在日本飼養的牛都能稱為和牛，一般在日本飼養的牛稱為「國產牛」，所以如：荷蘭乳牛、安格斯牛等外來種，只要在日本出生、飼養，也可稱為日本國產牛；就算是國外出生的牛，只要在日本飼養時間超過在國外的時間，也能稱為國產牛。

和牛除了在定義上是日本國產牛的範疇之外，日本在 1944 年訂定黑毛和種、紅毛和種、日本短角和種、無角和種 4 個固定品種，並禁止外來種和原生種交配生育，也就是說這 4 種固定品種的牛種，經過時間的自然演變、淘汰後，才能稱為和牛。目前不管在日本或是台灣，可以接觸到的和牛，多半是黑毛和牛，也有少數短角和牛。

近江牛讓人一看就垂涎欲滴的油花分布。

在此定義下，品種是黑毛和牛的神戶牛、松阪牛、近江牛，被冠上日本三大和牛的美稱，地名就是所謂的「銘柄」，指的是和牛產地。此外如：米澤牛、宮崎牛、飛驒牛等也頗具盛名。在三大和牛中，松阪牛台灣尚未正式進口，只有出產松阪牛的牧場，以牧場的名義出口到台灣，但是就沒有松阪牛協會的正式證書。台灣的市面上可以看到的，就是神戶牛和近江牛了。此外，在日本登記約有 150 種以上的和牛，有些因為產量太少而根本無法出口，如伊賀牛、能登牛，因為在當地早已賣光。

認識了日本和牛，更加了解 A5 的意義後，還要提醒一下，A5 等級

和牛，在同樣產地下一定是最貴、油脂一定最多，好吃也得要牛肉部位與料理手法的相互搭配才能成就。因為有的料理方式適合油脂多的部位，有些適合去品嘗和牛的特殊甜味和肉香，油脂太豐富反而讓人覺得油膩。

所以，不同的油花分布、不同肉質部位，有不同口感，不可能從頭到腳的肉都可以擁有「入口即化」的感覺，找到自己喜歡的料理方式和牛肉部位，才是老饕的品嘗門道。

同場加映：澳洲和牛

在日本和牛台灣無法進口的期間，澳洲和牛成了饕客品嘗和牛的主力。澳洲和牛源自 1997 年，引進了 5 頭純血日本和牛與澳洲安格斯牛配種，搭配日本的養殖技術和培育方式養成，隨著不同代的雜交，孕育出不同等級的和牛，如超過 93% 和牛含量的，稱為和牛純種 F4；超過 87% 的稱為 F3，75% 的為 F2，50% 的為 F1。

澳洲和牛的品質標準，以 MSA 大理石花紋系統（俗稱油花）來分類，共有 M1 ～ M12 這些等級，數字愈高表示品質愈好。目前的養育技術大概可以培養出 M9 以上的水準。但，台灣自從 2017 年開放日本和牛進口後，澳洲和牛逐漸失去市場競爭力，因此能見度大減。

和牛分類甚多，若非行家，一般消費者恐怕無法判斷你想要買的和牛是否如你所願，目前從「價格」、「部位名稱」、「分切」3 種方式，大概可以簡易判斷要選購的和牛品質。

價格，當然是一分錢一分貨。若以牛肉部位來說，一般最好的部位就是菲力、肋眼、紐約客三種。

澳洲和牛取自日本的和牛品種，再經過數代培育而成。

分切，指的是在菲力、肋眼、紐約客三個部位之外，敢切比較厚的肉（約 1～2 公分）品質自然不會太差；反之被切成薄片的，當然價格也比較親民。不過，高單價的肋眼牛，也常常切成較薄的厚度，主要是因為昂貴，切太厚怕價格太高，嚇壞消費者。

當然，油花分布也是考量之一，但對絕大多數的消費者來說，很難用

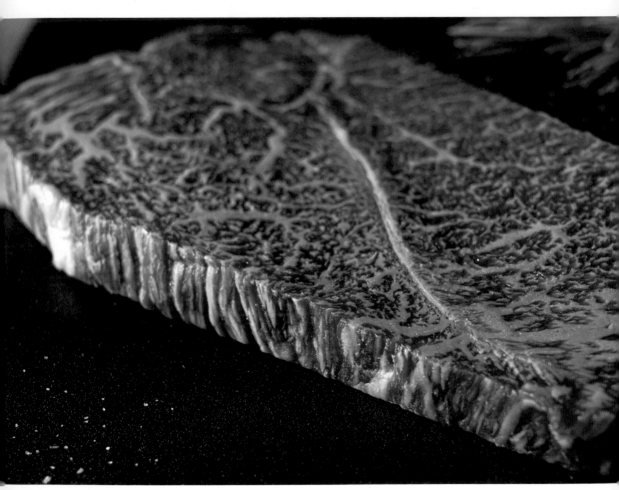

和牛的油花，亦是採買時的比較重點。

特定的文字或是圖像表達，全靠經驗值。

另外，即便整頭牛都是 A5 等級，除了菲力、肋眼、紐約客三種部位，其他的部位即便是 A5 等級，也可能出現筋多、夾雜的油多或是太韌而咬不太動的肉質，這些部位的肉，其價位當然便宜，因此千萬別以為看到比較便宜的 A5 和牛，就慶幸自己賺到了。

主廚私房料理手法

喜歡吃油一點的，可選擇肋眼；喜歡軟嫩又不太油的，菲力就很適合。想吃燒烤或是火鍋，挑選切片的。想吃有牛排口感的，選擇有點厚度的，雙面煎一下沾點海鹽就很好吃；至於生熟度，可以依照個人喜好決定，個人建議吃生一點較好吃。

食材大小事

一定要知道的日本和牛等級

A5 等級，油花分布交雜程度「豐富」，還可再細分成 8 ～ 12 級。
A4 等級，油花分布交雜程度「良好」，還可再細分成 5 ～ 7 級。
A3 等級，油花分布交雜程度「標準」，還可再細分成 3 和 4 兩級。
A2 等級，油花分布交雜程度「低量」，屬於 2 級。
A1 等級，油花分布交雜程度「較少」，屬於 1 級。

AOP
Label sticker

Metal
Seal

布列斯雞

Poulet de Bresse

雞肉是生活中常見的食材，

但是你知道，有一種來自法國的雞肉，

肉質軟嫩到可以用湯匙挖起來享用嗎？

法國布列斯雞就是這樣的頂級食材。

歷經數百年，

如今仍然擁有法國最好吃雞肉的美名。

你吃過可以用湯匙挖起來吃的雞肉嗎？這絕非誇大，是我在法國時親身經驗。只是想告訴大家，能用湯匙挖起吃的雞肉，有多肥嫩！那是布列斯雞（Poulet de Bresse）才有的獨特肉質。在 1825 年時被著名美食家薩瓦蘭（Brillat Savarin）在他的書《味覺生理學》（Physiologie du goût）中將之列為一級，賦予它「家禽皇后、國王家禽」稱號，可見雞肉的風味有多讓人驚豔！

布列斯家禽在歷史上的第一個紀錄是在 1591 年，當時布列斯地區（Bourg）的村民，為了表達感謝，將 24 隻肥公雞送給特雷福（Treffort）侯爵。之後布列斯地區併入法國領土，加上當時的國王亨利四世，鼓勵國人每週日煮食雞肉，帶動雞肉的飲食傳統，而經過數百年，布列斯雞至今仍然被認為是法國最好吃的雞種。

有法規保護的布列斯雞

布列斯雞有全白的羽毛，白色長羽毛覆蓋了雞的脖子和胸部，腿是藍色的且完全光滑，雞冠是鮮紅的、有大鋸齒，身上的顏色和法國國旗相近。其實，布列斯雞只是一個俗稱，雞的正式名稱是「佳律絲」（Gaullus），育種者必須遵循規定來飼養和管理，才能獲得原產地標籤，其他國家也有飼養布列斯雞，但必須冠上國名，如：美國布列斯雞。

早期的布列斯雞是一般民眾可以飼養的，直到純種雞日益減少，法國官方為了保護品種，以法規規範由專責機構負責育種和孵育，也有法定雞場飼養，飼養的規定相當嚴格，如同一批小雞要飼養在同一個養殖雞舍內，每平方公尺不能超過 10 隻，當雞隻長到 4 ～ 5 週後要放養到肥沃的草地上，在草地上布滿布列斯雞愛吃的玉米和蕎麥，即便是放養的空間，也還必須讓每隻雞都要有 10 平方公尺以上的空間，

Red comb

White feather

Blue chicken feet

Anklet

布列斯雞全身配色與法國國旗相似。

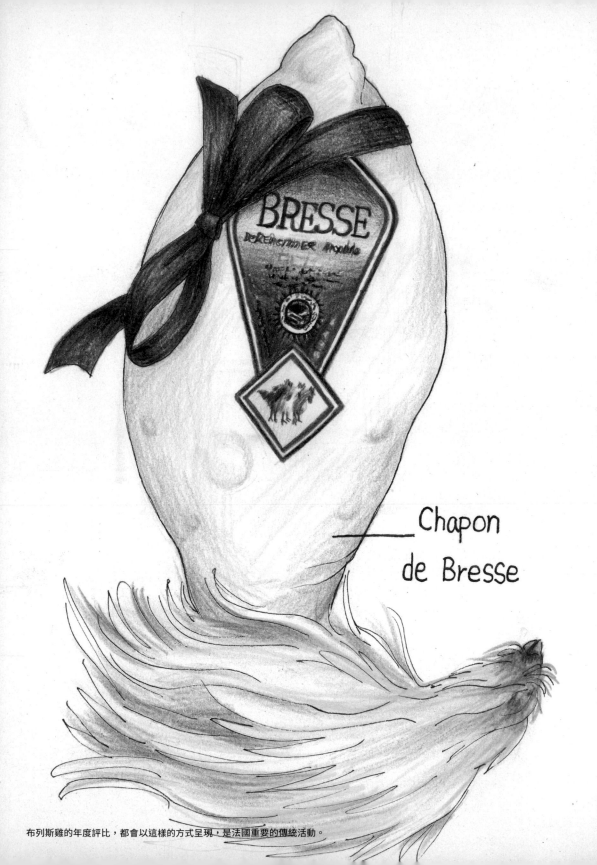

Chapon
de Bresse

布列斯雞的年度評比，都會以這樣的方式呈現，是法國重要的傳統活動。

才算足夠。

雞隻經過 9 週以上的放牧，開始進入增肥階段。此時所有的雞會再度被關到木造雞籠，並套上腳環，腳環上註記了飼養者的名字，猶如雞的身分證，這就是保證來源的標籤。每日餵食大量的玉米和牛奶，以讓每隻雞活動量少、吃的多的方式飼養，增肥速度極快，以這個方式飼養必須經過 4 個月後才能宰殺。就連宰殺也有一套認定標準，雞需要先電擊麻痺，然後小心翼翼地放血、清空內臟等，宰殺後的每隻雞至少要有 1.5 公斤，通常在 1.8 ～ 2 公斤之間的布列斯雞，夠肥才夠好吃。

完美肉質無可挑剔

布列斯雞因有嚴苛的規範標準，讓肉質無可挑剔，此外，還有更好吃的布列斯閹雞、布列斯肥母雞、布列斯火雞。

布列斯閹雞，在草地放牧和雞舍飼養的時間都比一般的雞加倍外，也因去勢的公雞不需再把養分用於生殖，所以比

每隻布列斯雞都有專屬腳環，饕客們稱為布列斯鑽戒。

一般公雞多出肉和脂肪，屠宰後的重量得要超過 3 公斤。閹雞肉質細嫩多汁，上市前以裹布包覆縫製雞隻本身，是當地傳統，同時也有美觀的作用，還可讓雞肉變得更美味。

台灣的帕修斯雞，有充分的活動空間，以放養方式飼養，餐餐以農場內的自產穀物為食，啟動人、動物與土地的正向循環。

肥母雞，養殖方法類似，只是放牧時間和在雞舍內飼養的時間更長了，肉質比一般雞更加的肥嫩。至於布列斯火雞，和布列斯閹雞的養殖時間雷同，只是羽毛深黑，於是有了「布列斯黑珍珠」美稱。

台灣在地的完美雞肉

可惜，因為 2015 年歐洲禽流感肆虐，台灣再度關上進口大門，目前吃不到布列斯雞了。但是，台灣近幾年開啟的「帕修斯計畫」，或許能成為與布列斯雞有同樣優質美味的選擇。這是台灣養雞業者和農場創辦人一起發起的世界級的土雞養成計畫，以培育台灣頂級土雞品種為主。

帕修斯雞，每隻雞約有 5 坪的活動空間，餐餐以農場自產的黃豆、玉米、小麥等原型穀物為食，並添加益生菌和礦物質。一年僅能生產一次，為的也是讓土地在飼養期滿後有時間休養生息，農場啟動人、動物、土地三方正向循環，且永續經營，這個專案，已經在 2021 年 11 月完成，熱愛雞肉的美食愛好者，可以留意產季資訊，好好品嘗一番。

主廚私房料理手法

如果你能買到品質好的雞肉，可以嘗試在家裡做烤雞喔！

材料準備

將 200g 的無鹽奶油放入一個大一點的盆子，蓋上保鮮膜，放在家中陰涼處，室溫下放置約莫 4 小時，等待奶油軟化，但要小心不要讓奶油徹底融化變成液狀。無鹽奶油以你方便或習慣的品牌為主即可。

鹽 1~2 g、黑胡椒粗粉 0.5g ～ 1g、迷迭香葉碎 1/2 餐匙（新鮮或乾燥的都可以）、蒜末 1 餐匙、紅甜椒粉 2g，加入軟化的奶油中，以雙手揉搓均勻，就是烤雞的塗料，先放至一旁備用。餐匙指的是吃西餐時喝湯的湯匙。這些材料，只要多練習幾次，就可以依妳喜歡的味道調整。

準備全雞 1 隻約 1.2kg ～ 1.8kg（肉雞、土雞都可以）或以家裡烤箱放得下的大小為主。將雞隻外表與腹內都洗乾淨，再以廚房紙巾擦拭到外表乾燥。

🍴 開始料理

將烤箱（以旋風式烤箱為佳）預熱 130℃，將拌均勻的塗料，均勻的塗抹在雞隻上。在烤盤鋪上一層烤盤紙或鋁箔紙，記得亮面朝上，切一些洋蔥絲鋪滿烤盤。將塗好的雞隻放在洋蔥絲上，以預熱的 130℃，烤 50 分鐘，即可出爐。烤盤內剩下的雞汁與洋蔥絲，可以和烤雞一起搭配著吃，也可以留做其它料理使用。

食材大小事

需要比賽一較高下的雞肉

布列斯雞是法國傳統且重要的食材，甚至還有專屬的比賽於每年 12 月舉辦。各個養殖場的布列斯雞，會仔細處理後，剃掉全身羽毛，只留尾巴羽毛，雞隻全身以布封包裹，在比賽現場一隻隻排列整齊，待評審入場後，一一仔細評鑑，是法國的年度盛事。

美味的烤雞，在家做其實不會太麻煩。

非籠飼雞蛋

The Cage Free Egg

雞蛋，是東西方料理中常用的食材，

隨著對動物福祉的關心，

母雞不必在擁擠且不健康的環境中產蛋，

而大自然回報給人類的，

就是蛋香十足，怎麼料理都好吃的雞蛋。

誰說小小的一顆雞蛋無法成為頂級食材？

在最舒適的自然環境中孕育的食材，天生頂級！這陣子的蛋荒，讓大家非常驚訝，這個看似最平常不過的生活必需品竟然缺貨，讓這項每個家庭的必備品一時奇貨可居。而你在這本書中看到這裡，是不是會覺得，這樣生活化的食材，雞蛋，也能列入頂級食材名單中嗎？其實，蛋的價位落差也很大，從新台幣幾塊錢到 1 顆將近 40 元不等，而我想說的是，小小一顆蛋的品質，都與母雞生蛋前的養育環境以及飼育者的專業態度有關。

台灣人愛吃蛋，統計數字中可發現，每人每年約可以吃下 300 多顆蛋，愛吃蛋的程度在全球名列前茅，蛋也已經成為餐桌上的必需品，不過你了解母雞是在怎樣的環境下下蛋的嗎？

歐盟在 2012 年明令禁止「格子籠」的飼養方式，但是在台灣仍有近 9 成的母雞，被關在狹小空間中下蛋，因為無法伸展羽翼、無法跑跳，容易因情緒不佳而打架，更可能因為衛生不佳或營養不良而生病，這樣的環境下，就需要仰賴更多的藥物維持雞隻健康，最後也就可能演變成食安問題。

高規格飼養的母雞

隨著提倡動物福利觀念的增加，有些小農以最高規格的「放牧飼養」方式來飼養母雞，這種環境下的母雞除了室內禽舍外，還要有一定規模的戶外場域，可洗沙浴、腳能踏在泥土上自由奔跑，且為了無藥物殘留，並不施打抗生素。這些以天然方式生下的蛋，也都必須通過中央畜產會 71 項無藥物殘留驗證才能上市。

放牧飼養，讓雞隻有充分的活動空間。

像是彰化「傻蛋 - 友善放牧蛋」，以動物福利優先的高標準對待母雞，甚至在飼料中添加法國亞麻仁籽餵養，「堅持站在母雞與雞蛋的這一方」是他們堅持的信念。針對這類小農，尤其是飼養過程中盡可能以有機方式飼養的牧場，在政府極力推廣「產銷履歷」的政策下，也讓這類蛋在市場中異軍突起，成為大家心目中的選購首選。

一般常見的紅羽土雞放牧蛋（深褐色蛋殼）、土雞放牧蛋（粉膚色蛋殼），蛋黃較大，口感飽滿濃郁紮實，非常適合做荷包蛋、茶碗蒸或是用在製作甜點。放牧蛋不易有腥味，品嘗時更能享受到原始蛋香。市面上較少見的烏骨雞蛋，因野性強、飼養不易、成長速度也較緩慢，產蛋量也較低，比較少被飼農青睞，但是每顆烏骨雞蛋富含微量元素，其中有機鈣更是一般雞蛋的 6 倍，其低膽固醇、高卵磷脂的特色，尤其適合銀髮族和小孩。做成水煮蛋來吃，更能保存營養價值。

台灣也有小農以最高規格放牧飼養雞隻,產出了質優的放牧蛋。

品質好的蛋，各種吃法都能嘗到原始的香氣與風味。

放牧蛋營養與口感兼具。

主廚私房料理手法

用愈是複雜的料理方式烹煮蛋，會讓營養流失愈多。放牧蛋的烹調，建議以煮、蒸、炒為佳。實驗證明，帶殼水煮最能保存營養價值，維生素也保存較完整，是對心臟最有益的吃法，若覺得水煮蛋少了滋味，可以灑上一點鹽提味。也有人喜愛直接吃生蛋，其實也有不少菜色是直接打上生蛋的，針對有生雞蛋料理而言，這些價格昂貴的雞蛋，蛋黃比較立體感、顏色比較橘黃，自然透露出雞蛋應有香氣的原始風味。

食材大小事

雞蛋生吃小提醒

放牧雞蛋生吃，固然有其美味，不過並不是每個人的體質，都適合這樣食用的，因為生雞蛋的生菌數有可能會有人身體無法負荷喔！尤其本身對雞蛋過敏的人，還是以全熟的蛋類料理為主較佳。

帕瑪火腿

Prosciutto di Parma

東西方飲食裡，都有火腿這項食材，經過醃漬、風乾，

再加上長時間的等待，火腿自身的滋味，不只是食材本身的美味，

還藏有在地風土的風情，一片帕瑪火腿，行家品嘗的不只是美味，

還有職人精神的展現與美好的風土之味。

148

帕瑪火腿的產製過程都需有 DOP 認證。

帕瑪火腿（Prociutto di Parma）只能產於義大利帕瑪省，甚至產區僅限於南部山區，因當地位於高海拔，溫溼度適中、又有涼爽山風吹拂，成就了頂級火腿的故鄉。

我 20 幾歲工作時，第一次接觸的生火腿就是帕瑪，當我開始接觸這火腿後，深深被其美味吸引，近 20 年來在高級餐廳擔任主廚，對於各類品牌的「帕瑪火腿」有更多的接觸，也更熟悉，儼然成了火腿檢驗帥。

帕瑪火腿必須採用傳統義大利豬 Large White Landrance 和 Duroc，要養足 9 個月、體重超過 150 公斤，才可以製成火腿。除了使用傳統方法的修整、鹽漬以外，風乾熟成更是重要。過程中都必須受到歐盟法定 DOP 認證和規範。2018 年，台灣許可進口義大利豬肉製品，名列為世界三大名腿之一的「帕瑪火腿」不再只是傳說，而是在高級西餐廳、餐酒館、甚至披薩店可以品嘗到的肉香。入口即化，在口腔內爆發出積累了 12 個月的風味精華，那種感覺非筆墨可以形容。

遵循傳統方法，抹上鹽巴進行鹽漬。

過桶製程讓火腿品質更勝一疇

帕瑪火腿已經如此引人入勝，然而全義大利只有一家廠商製作的「過桶帕瑪火腿」，更可說是帕瑪火腿的極致。是比一般帕馬火腿投入更多心力和時間打造出來的聖品。精選的豬種，飼料必須包含帕瑪森乾酪與帕達諾乾酪的乳清，育肥期比帕瑪協會規範的至少多 1 個月，好讓豬隻有強韌的肌肉纖維和鮮美的脂肪，再依照傳統手法，在不同部位做不同程度的抹鹽，鹽是製程中唯一的添加物。

為了製作更美味的火腿，在熟成前會將火腿靜置風乾 120 天，比其他品牌的火腿多了 1 個月，且必須遵循古法，讓流通的空氣越過了山脈和草原，再吹拂到帕瑪火腿，使火腿的香醇能被釋放出來。毫無防腐劑和麩質的保證，經過 16 個月的熟成，催化出風味最純熟、口感最鮮嫩的火腿。

陳年的帕瑪火腿風味迷人。

熟成過程中，帕瑪火腿會放入內比歐露（Nebbiolo）、巴羅洛（Barolo）、芭芭萊斯科（Barbaresco）葡萄專用釀酒木桶中，每天會打開木桶更換氧氣，每2週取出火腿確認品質，也會在酒桶內壁噴灑些許原木桶的酒液，以保持酵母活力。完成長達至少4個月以上的等待。經過這麼嚴謹、繁複工序的過桶帕瑪火腿，年產量不到1萬支，不僅在「2019年義大利薩拉米臘腸指南」獲得最高榮譽5 Spilli 殊榮，更是義大利廚神、米其林三星主廚馬西默博圖拉（Massimo Bottura）的指定使用款。

主廚私房料理手法

在餐廳通常是用專業切片機，刨下火腿薄片，會建議客人搭配紅白酒，是北義的巴羅洛（Barolo）酒。另外，義大利人的傳統吃法，也很適合跟大家分享，也不複雜，就將火腿切片上下夾上麵包，當作三明治吃，也是義大利人很傳統的吃法。只是，這個頂級美食在2022年1月10日起已經被禁止入台，還沒吃過的人可能就再等等。

帕瑪火腿的風味，只要吃過就會忘不了。

伊比利火腿

Jamón ibérico

伊比利火腿是全球最頂級的火腿之一，

有火腿界勞斯萊斯之稱。

餐廳現刨的伊比利火腿，

透著光散發著香氣，

油脂散發著光澤，讓人心動。

初嘗美好滋味，總是記憶猶新、久久難忘，第一次吃到西班牙伊比利火腿就是這種感覺，我永遠記得那一口帶給我的驚喜，

那是某一年到西班牙和米其林星級主廚聯誼，吃到了西班牙國寶級美食，伊比利火腿。印象深刻的是濃郁的榛果香氣，一直在口腔內迴盪，主廚看到我的表情後莞爾一笑，非常自信的他，總說他推薦的美食肯定可以征服多數人的味蕾，確實，我也被征服了。

西班牙主廚除了介紹伊比利火腿的風味外，也告訴我火腿所使用的豬隻來源、養成，以及食材的傳奇故事。和西班牙主廚對談，我取得了第一手的資訊，證明了伊比利火腿的美麗傳說、絕美風味，都其來有自。但是我更想知道的是，如何將這些高檔的火腿引進台灣，進而入菜。

十多年前，伊比利火腿，這全球最頂級與知名的火腿之一，一隻帶骨的火腿購入成本就要約新台幣 1 萬元，該如何賣呢？而且，一隻帶骨火腿還要扣除骨頭、皮、油、硬肉，大概只剩下 40% 的部位可以使用，耗損量極大，因此刨下的每一片火腿，片片都值錢。

千年豬種 DNA 與橡樹子

西班牙伊比利火腿之所以頂級，得從豬隻本身說起，這是名為「伊比利黑豬」的豬種，其起源據說迄今已有千年、甚至更久。豬種腿細長、鼻子很長、毛髮少、有黑蹄，這是西班牙文 Pata Negru（黑腿）的來源，在整個醃製過程中留在火腿上的黑蹄，它們的脂肪血管穿過豬的肌肉，再加上火腿上的大量脂肪分層，透過長時間的醃製，產生了濃郁味道和甜味。

基本上，伊比利豬製成的火腿，靠著本身優良的豬品種 DNA、以及飼

精心飼養的伊比利豬，造就了頂級火腿。

養方式，依然是深獲好評的火腿選項，但，被認證的頂級伊比利火腿必須有橡樹子（Bellota）的加持，作為和一般火腿的差異區別，正統西班牙火腿 Jamon Iberico de Bellota，價格是一般火腿的 2 倍。

伊比利豬喜歡在「德黑薩」（Dehesa）意指有種植橡樹的牧場周圍扎根，覓食橡樹子以及香草和草類，得天獨厚的養成環境讓這些豬充滿了快樂、圓潤的成長，肉質還有精緻的大理石肉紋，且富有天然抗氧化劑，這也是能延長火腿醃製時間的重要關鍵成分。

伊比利豬飼養過程，從吃食、環境到體重，都不能馬虎。

在西班牙，春夏兩季牛羊在田間吃草，秋冬當橡樹子從樹上掉下來時，伊比利豬就會被放出來增肥，每頭豬一天大概可以吃 10 公斤的橡樹子，在大約 10 個月大時候會被釋放到「德黑薩」，那時每隻約 200 磅重，以每天約 2 磅的速度增加脂肪，在冬季時豬隻大概可以重達 150 ～ 180 公斤，增重速度甚快。據了解，平均 1 公頃橡樹林只養 1 隻豬，有些更高達 2 ～ 3 公頃飼養一隻，主要是讓圈養 1 年的豬種可以大量盡情的吃橡樹子，絕不餵食任何飼料，確保品質。

仰賴大自然風乾熟成

豬隻被養大當然就得面臨被屠宰的命運，在早期的西班牙，一頭豬被宰殺，全家人會聚在一起，把肥腿會用海鹽包起來，掛在涼爽的冬日空氣中晾乾，這是當地流傳百年以上的傳統，目前，工廠已經大量醃

西班牙伊比利火腿，通常後腿風味較佳。

製火腿，火腿被高掛在開著窗戶的工廠裡，以流通的空氣來熟成火腿，一般火腿熟成通常需要約 2 年時間，吃橡樹子的頂級火腿需要更久，甚至需要 4 年，熟成時間長短則視品牌而定。

目前在西班牙最著名的火腿熟成聖地，就是哈布果區（Jabugo），這裡的溫度、濕度，以及經年累月的山風和雲氣，讓幾乎所有高級火腿都在這裡自然風乾和熟成。在熟成過程中，火腿上的脂肪會滴落，火腿的重量也會減輕一半，這時候的肉也會變得乾燥，並隨著第二個冬天的開始而冷卻，將原本單純的一塊肉，變成一系列風味的火腿。

對於 Bellota 火腿，通過加熱、冷卻、醃製和乾燥的時間，脂肪被分解，也由於橡樹子中的抗氧化劑和獨特的熟成過程，飽和脂肪變成了富含油酸的健康不飽和脂肪。此時即將售出的火腿，脂肪成深金色、肉是深紅色、大理石紋清晰明顯。以吃橡樹子的純種伊比利火腿為例，公豬和母豬都必須是百分百純種血緣的豬種，而火腿分成前腿和後腿，前腿較瘦小、風乾熟成時間短，風味不如後腿，頂級火腿一定是後腿。

認明品牌與 5J 等級

一般來說，伊比利火腿有「整支帶骨」和「整支去骨」2 種，前者風味更勝後者，只是前者取用困難度高。不過，各大超市都有已經切片真空包，方便消費者選買。另外，各種火腿充斥，消費者如何買到高等級的火腿呢？認證品牌是一

Aljomar 品牌商標

大方式。目前「5J」號稱為「火腿界的勞斯萊斯」，是西班牙橡樹子 100％純種伊比利豬火腿，風靡全球。所謂 5J，是 5J ／ Jotas Cinco 的縮寫，Cinco 代表西班牙文中的 5，J 則為 Jotas，也就是產區哈布果的縮寫。另一品牌「Aljomar」，是熟成 4 年以上的等級，品質極佳。

5J 等級伊比利火腿的包裝外觀

主廚私房料理手法

伊比利火腿最美味、最原始吃法，就是現切現吃，完整看到亮麗的褐紅色、上面佈滿乳黃色的大理石油花，以及聞到榛果的香氣。

此外，就是將耐熱的瓷盤加熱到約 75 度、把切好的火腿薄片放在上面，脂肪因熱融化到盤子上，第一口味道是甜的、堅果味的、不太鹹，

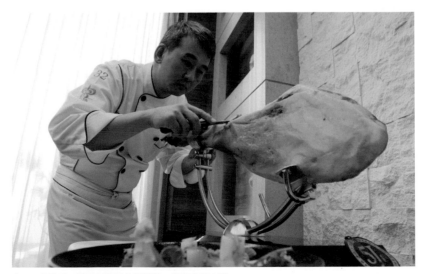

在三二行館時，幾乎每個月會消耗掉 1 隻伊比利火腿。

透亮的伊比利火腿，讓人食指大動。

然後火腿風味的複雜性增加了。用間接加熱的方式融化脂肪，過程中的口感變化，著實讓人難忘。

通常伊比利火腿在室溫 23 度內存放即可，也是最好吃的溫度。不過台灣濕度高、容易發霉，建議保存在冷藏，只是冷藏會讓火腿變得乾硬，食用前先取出放置室溫，待軟化後再食用，口感也較好。

食材大小事

伊比利亞豬也有等級

依照西班牙國家標準局明文規定，可分成 4 大等級：

Ⓐ 純種橡樹子等級，腳環上有黑標。
Ⓑ 橡樹子等級，腳環上有紅標。
Ⓒ 農場飼料等級，腳環上有綠標。
Ⓓ 飼料等級，腳環上有白標。

現切現吃是伊比利火腿的最佳品嘗方式。

陳年義大利米

RISO

如同東方飲食系統裡的白米，

香氣、口感要講的話，也有諸多細節可以琢磨。

聞名世界的義大利燉飯，

在義大利主廚們的手上，

從義大利米的挑選，

就以高標準對待。

無論在全世界你吃過多少義大利燉飯，

陳年 Carnaroli 都是你一定要認識的頂級食材。

完善的設備，讓 Carnaroli 的營養與口感兼具。

還在星級酒店任職時，因主廚是義大利籍，我對於義大利米並不陌生，也相信很多饕客都吃過義大利米。不過，義大利米也能列入頂級食材中？或許有人會如此存疑，但，米其林多位主廚如：Massimo Bottura、Alaine Ducasse、Gualtiero Marchesi 欽點的頂級的義大利米（義大利文為 RISO），確實所費不貲，最頂級的米品種陳年 Carnaroli，1 公斤平均價錢為新台幣 2,500 ～ 3,000 元不等，能有此身價，只有頂級食材才能辦到。

一開始我也是覺得做燉飯（Risotto），選用一般等級或是較高等級的義大利米就好，就像我們煮飯，一般常見的米就能煮出香噴噴的白飯，但，這樣的觀念直到我飛到義大利和當地米其林星級主廚交流

後，發現他們對要煮燉飯的米粒，嚴格要求和堅持，徹底打破我的印象，品嘗後也真的感受到了「一分錢、一分貨」的差異，米中之王陳年 Carnaroli 絕非浪得虛名。

義大利燉飯的靈魂

義大利燉飯是一種用途廣泛的米飯菜餚，營養豐富、足以適應任何口味，幾乎已經是義大利飲食中的主食，且風靡全球。當品味著義大利燉飯時，口中的米粒，也正說著歷史悠久的過往故事。

阿拉伯人在 14 世紀將水稻引入西班牙和西西里島，義大利北部的波河平原，因有來自阿爾卑斯山山泉水灌溉，有穩定的產量，如皮耶蒙特（Piedmont）、倫巴底（Lombardia）、威內多（Veneto）都是主要栽種區，也順勢發展出 Carnaroli、Arborio、Vialone Nano 等知名米種，其中，Carnaroli 被公認是最適合做燉飯的米，它的直鏈澱粉含量約 22%，在梗米類別中偏高（一般約 16～21%），且吸水性強，能大量吸收高湯精華，使燉飯呈現濃稠狀，卻又能粒粒分明，口感極佳。

以這樣高品質的義大利米做成的義大利燉飯，通常用作當開胃菜或是主菜，米和炒蔬菜、肉湯、調味，是完美燉飯四大要素。當然，優質米還是需要一些準備祕方，如千萬不要洗義大利米，因為米中的澱粉有助於義大利燉飯保持其傳統的外觀和感覺，將米飯和所需的蔬菜一起放入煎鍋中輕輕翻炒，將肉湯或酒倒入鍋中使其浸入米飯中，以及同時將混合物或是食材用小火煮，當整體呈現濃稠如奶油狀，就大功告成，美味就能上桌。基本上，義大利米除了本身特殊的澱粉香氣和質地外，跟一般米一樣，米粒本身沒有味道，完全來自於料理人賦予義大利燉飯的風味，關鍵是什麼？「高湯」與「醬汁」。好的高湯與醬汁，是義大利燉飯好吃的關鍵，要達到好吃的境界，有了它們就已

經成功一半了。接下來就是「專
業的部分」，後面會教大家如何
簡單製作美味的義大利燉飯。

星級主廚鍾情的米中之王

有了對義大利燉飯的了解，再回
頭看陳年 Carnaroli 這個深受星
級主廚鍾情的頂級義大利米吧！

全義大利只有 Acquerello 這個品
牌生產陳年 Carnaroli，該品牌
1991 年由 Piero Rondolino 帶領
創辦，更早之前他們就已栽種水
稻，是西方世界第一個採用 2000

持續使用傳統技術，以保留米的營養。

年亞洲老米傳統的水稻生產商，過往優越的傳承讓他們在義大利米
市場中建立信譽，而他們擁有的三大關鍵，創造出獨步全球的頂級
義大利米。

第一，他們將新鮮稻米置放在 15 度恆溫恆濕的米倉放置至少 1 年、
　　　最多 7 年，用來穩定澱粉，提高稻米的品質和感官特性，陳年
　　　後的米吸水性更強，有助烹調時吸附更多的高湯，提升風味。

第二，採用緩慢石磨螺旋精米機。以目前科技，從糙米到白米的精米
　　　過程，米粒通過 6 毫米的通道，在 6 秒內就可拋光成米，但他
　　　們採用從 1875 年迄今的緩慢石磨技術，需要費時 10 分鐘，雖
　　　慢卻保存米粒的外型完整，破碎率極低，大幅降低烹煮時品質
　　　不一的狀況。

好吃的燉飯，小不了口感絕佳的義大利米。

第三，獨家胚芽附著技術。精米過程中一定會將胚芽連同麩皮一起去除，失去了營養的胚芽部分，他們先將精米階段去除的粉末放入離心機中，進一步分離出胚芽粉末，再將胚芽粉末與米粒一同倒入儀器中，加熱攪拌後，讓八成的胚芽粉末被米吸收，兩成的胚芽粉末附著在米的表層，實現了每一粒米，都含有胚芽的營養價值與達成讓白米保留糙米的營養價值的目標。

主廚私房料理手法

義大利燉飯是義大利餐廳的主角之一，其實在家烹煮的困難度也不高，就以「白松露醬燉飯佐蘑菇」這道居家菜，和大家分享簡易美食料理。

在家做燉飯，一點也不難。

在材料部分，備妥橄欖油和洋蔥末各 2 湯匙，義大利米 120g、料理白酒 90cc、適量的雞高湯、白松露醬約 60 ～ 100g（濃淡可依照個人喜好）、新鮮蘑菇片 80g（必需先熱油炒至上色後置放一旁）、帕瑪森（Parmesan）起司粉 2 湯匙、無鹽奶油 25g。

先將洋蔥末和橄欖油以中火炒至軟化後，放入義大利米略炒 2 分鐘再加入料理白酒炒至收汁一半。

再加入雞高湯持續中火拌炒，這過程需要分次加入雞高湯，因為水分會慢慢蒸發，一次加太多有可能會太稀，所以需要緩慢逐步，且一邊煮一邊攪拌避免沾鍋，直到 7、8 分熟，收汁後再把剩下的食材和適量的鹽放入鍋中，攪拌均勻後盛盤。

食材大小事

不同類型義大利米的最佳用法

Arborio：大粒超細米，是米飯類沙拉首選，其特性是能吸收液體而不會過度烹飪。

Vialone Nano：也能用於製作燉飯，是一種在威尼托非常受歡迎的小粒半菲諾米。

Carnaroli 和 Baldo：都是半菲諾米，傳統上用於製作帶有大膽調味料和調味品的燉飯。

Chapter 4

來自海洋

澎湃鮮甜的美味浪潮

魚子醬 *Caviar*

貝隆生蠔 *Belon Oyster*

海膽與鱈場蟹 *Sea Urchin and Red King Crab*

巴利克燻鮭魚 *Balik smoked salmon*

干貝 *Scallops*

魚子醬

Caviar

頂級食材中要說名氣數一數二的，

應該就是魚子醬了。

即便不是熱愛美食的人，也一定都知道魚子醬的身價。

只能從母鱘魚身上取卵、眾多繁複的工序，

講究的品嘗方法與條件，

都讓魚子醬的美味更加難得。

記得 30 歲那年，因為任職於國際星級酒店而首度接觸到魚子醬，當時只知道這種食材很貴，其他一無所知。那時的主廚給了我魚子醬，一開始也不知道怎麼吃，就囫圇吞棗下肚，懵懂且浪費；主廚見狀後說著，先挖出 3 ～ 5g 含在舌尖上，用舌尖去頂上顎，會發出「ㄅㄛ ㄅㄛ」的聲響，照著主廚的做法嘗過後，當下驚喜且驚訝，心想著：「原來這就是魚子醬！」自此學會了怎麼吃魚子醬，也更想研究、了解魚子醬。

這些年來，廠商一直找我試吃各種魚子醬，目前全球市面流通量較大的 20 多款魚子醬，我大概吃過近 8 成，尤其台灣進口的 10 多種，我更可以自豪地說都吃過，甚至在 20 多年前還吃過正統、純野生的伊朗魚子醬，透過親自品嘗累積的經驗，都讓我對魚子醬有了更深的認識。

在各種魚子醬中，不論是鮭魚卵製成的魚子醬，或是圓鰭魚魚子醬，唯一會讓歐洲權貴、俄國沙皇為之傾倒的魚子醬，必須來自鱘魚（Sturgeon），而且是孕育至少 8 年、長達 30 年不等的未受精魚卵，經過專業師傅以一系列工法與鹽漬後製成，更是引領風潮，也一起帶動了由其他魚種魚卵製成的魚子醬，成為老饕們心中頂級食材的最愛之一。

魚子醬顆粒飽滿、剔透光澤，被譽為「餐桌上的黑珍珠」，與松露、鵝肝列為世界三大珍饈，其高貴身價，不言而喻。

得來不易的餐桌黑珍珠

頂級的魚子醬，來自雌鱘魚的卵。全球雖有 70 多種鱘魚，但能製成魚子醬的只有其中 12 種魚種，牠們有水中活化石之稱，其蹤跡可上溯 2 億 5,000 萬年前，最知名的產地在俄羅斯和伊朗。

只有幾種鱘魚才能產出品質最好的魚子醬。

魚子醬一開始取自野生鱘魚，主要來自俄羅斯以南、伊朗以北的裏海海域，特別是 Beluga、Oscietra、Sevruga 這 3 種鱘魚，其中尤以 Beluga 顆粒最大、色澤偏灰、品質最佳，名列全球最高級的魚子醬。早期魚子醬以蘇聯生產的品質最穩定，但其國家解體後控管單位也隨之瓦解，品管失去信度，目前則以汙染較少、品管較好伊朗生產的魚子醬最受市場肯定。

野生的魚子醬為產地帶來財富，卻也因大量捕撈，讓野生的鱘魚愈來愈稀少，1997 年，野生鱘魚正式被「瀕危物種國際貿易公約」（CITES）列為保護名單，嚴禁捕捉，如今，這些野生產的魚子醬已被世界列為禁止買賣的列管品，大家已無緣品嘗。於是，現今鱘魚都只能以人工飼養方式取得，要生產銷售魚子醬、魚肉等都必需取得 CITES 許可證。

目前全球有 10 多種不同的鱘魚，成為魚子醬的來源，養殖國家遍及義大利、法國、美國加州、中國，當然台灣也有人工飼養鱘魚，但價位略高於進口品。據了解，中國是目前魚子醬最大出口地，約占全球產量約 7 成。

繁複的製作工序

養殖鱘魚需要先確認魚的性別，要如何分辨公、母鱘魚呢？專家以體型、頭部、身軀形狀來分，母鱘魚的腹部較胖，公的則頭部較大。當選出母鱘魚後，以「超音波」來判讀該魚含卵量的多寡以及成熟度。比起早期使用挖卵器或者內視鏡，來得快速、正確且不傷魚體。

魚卵取出後經過篩選、過篩、清洗、鹽漬、裝罐、熟成等步驟，就是市面上販售的魚子醬。而所謂的包裝則以最小 10g 起跳，依序為 20g、

30g、50g、100g 等，價位隨著品種、產地、品牌而有相當程度的價差。如 30g 盒裝，市面上從新台幣 1,500 元到 7,500 元不等，每品嘗一小口，都是昂貴的支出。

魚子醬所費不貲，除了數量稀少外，還因為雌魚達到成熟需要花費 7 年以上時間，飼養的水質必需純淨且流通性，加上以專業技術為主的人工繁殖方式以及採收過程，都需要大量的人力和成本，在在都墊高了魚子醬的價位。

就像是魚子醬的篩選，同一條魚取出的卵可能再被分出 2 種等級以上，這種分類技術，攸關魚子醬的品質和售價，也是維繫廠商信用的關鍵，這些都需要高成本和高技術。消費者能享受口中的一小口美味，都是魚子醬產業裡每一個小步驟環環相扣而來的。

一定要認識的魚子醬

這個 24K 鍍金金屬盒，金光閃閃的包裝內，裝著的是 250g 的魚子醬，每盒都有標示註冊編碼，這盒魚子醬名為「Almas」，市價超過新台幣 20 萬元，換算下來，每公克的價錢約新台幣 800 元。

Almas 在俄羅斯語裡是「鑽石」的意思，該品種來自裏海的變種白化鱘魚，主要生活在伊朗附近未受汙染的地區，年紀約 60 ～ 100 歲之間。此魚種因抑制黑色素生成的遺傳疾病所造成，魚的數量相當稀少，

金色包裝的魚子醬，稀少尊貴。

能生產的魚子醬更是稀少。根據估計，每年只能收成 10kg 左右的變種白化鱘魚魚子醬。世界金氏紀錄已認證 Almas 是世界上最昂貴的食物，在台灣，先預訂也有機會可以買到。

另一個需要認識的便是讀懂魚子醬的標籤，如此一來才能理解產地、食用注意事項等等資訊，讓品味體驗更完整。

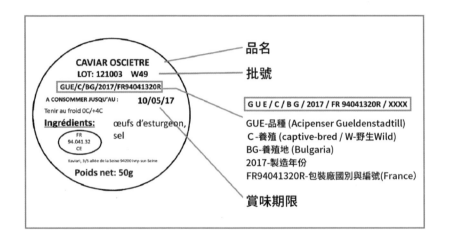

品名

批號

```
G U E / C / B G / 2017 / FR 94041320R / XXXX
```

GUE-品種 (Acipenser Gueldenstadtill)
C-養殖 (captive-bred / W-野生Wild)
BG-養殖地 (Bulgaria)
2017-製造年份
FR94041320R-包裝廠國別與編號(France)

賞味期限

主廚私房料理手法

溫度、風味、顆粒完整，是品嘗魚子醬的三大關鍵。一般高級餐廳都會提供貝殼湯匙當作取用器皿，可避免因使用金屬湯匙，產生的氧化作用影響魚子醬的風味；也會提供碎冰或是魚子醬專用容器，用冷藏的溫度保持魚子醬的最佳品嘗溫度，如此講究的食用方式，更顯魚子醬的尊榮和高貴。

貝殼湯匙才不會影響魚子醬的風味。

單獨吃魚子醬，要用貝殼湯匙輕輕挖起，放入嘴裡輕含，用舌尖輕輕
頂上顎，且在上顎與舌頭間滾動魚卵，此時魚卵會發出「ㄅㄛ ㄅㄛ」
的聲響，鮮美滋味便會洋溢口中。也可以握緊拳頭，將相當於 1 杓魚
子醬放在虎口邊的平坦部位，送入口中後再以相同的方式享受美味。
與其他食材一起搭配的話，一般高級餐廳則會搭配脆餅或是蕎麥餅佐
以配料如：熟蛋黃、熟蛋白、蝦夷蔥、酸乳等。

專業人士多以這種吃法品嘗魚子醬。

魚子醬搭配性高，可發揮料理搭配創意。

其實，在家也可輕鬆享用魚子醬，可以準備熟馬鈴薯切片、薄餅、奶油脆餅、水煮蛋等和魚子醬一起食用；也可和小螯蝦、扇貝、生蠔、魚類一起吃；或是更大膽的搭配乳酪或是新鮮生牛肉碎肉，風味最是上乘。若有雅興，可以搭配香檳或是氣泡酒，與魚子醬兩相結合，能帶給你驚喜的味覺體驗。

當你在家備妥各種食材或酒類後，建議先將冷藏的魚子醬取出，置於室溫下約 5 ～ 10 分鐘，讓魚子醬的風味完全釋放再開始享受。當開啟魚子醬錫罐後，建議盡速吃完，以免因與空氣接觸產生氧化作用後走味。

食材大小事

魚子醬的起源

和魚子醬相關的起源有二。據傳裏海沿岸的波斯人，是最早品嘗魚子醬的民族，認為具有能量且可當藥物使用，而隨著貿易往返，魚子醬才會被推薦到沙皇宮廷，成為權貴人士的頂級盛宴。也有一說是俄羅斯公主經過吉倫特河，看到漁民把魚卵丟棄或餵食家禽，她非常驚訝，因為在俄羅斯魚卵價格昂貴，於是便建議當地漁民賣出魚卵以賺取財富。

簡單的水煮蛋，更能凸顯魚子醬的風味。

貝隆生蠔

Belon Oyster

相信很多人鍾情於海味，

海鮮自帶的鮮甜，是陸地上的食材無法比擬的。

貝隆生蠔更是需要在完美的環境，

經過 4 ～ 5 年的等待，才能品嘗的頂級美味。

雖然目前台灣無法進口，

如果有一天能到法國，千萬別忘了親訪貝隆河口，

在當地好好品味在地珍饈。

25 年前，我便與貝隆生蠔結緣了！

當時從事歐陸料理，自然少不了與產自歐陸的頂級食材有接觸，貝隆生蠔是當時最傳奇的食材之一，再加上它屬於少見的「扁蠔」，被稱為「生蠔界的勞斯萊斯」。只是，時空相隔這麼多年，不少優質的生蠔在市場大量需求下，逐漸取代了貝隆生蠔，加上台灣目前無法進口，以現在的狀況來說，貝隆生蠔要出現在菜單中，短期內也只能先回味了，不論是料理人或是老饕都只能等待了。

貝隆生蠔之所以價高，「扁蠔」品種是其中原因。市面上多數的生蠔都是「凹蠔」，光是「扁蠔」兩字，就已經注定受到高度注目。基本上，歐洲平牡蠣（學名為 Ostrea edulis）又稱為泥牡蠣、扁生蠔，最著名的產區就是法國布列塔尼地區的貝隆河口，因為生蠔可以在此吸收淡水、鹹水交界處豐富的浮游生物和礦物質，造就貝隆河口的扁蠔具有金屬礦物風味，讓饕客為之風靡，也慢慢衍生出貝隆等於扁蠔的印象。

但實際上並非貝隆河口產出的生蠔，都能冠上「貝隆生蠔」美名，充其量只能稱為扁蠔，真正百分百的「貝隆生蠔」是必須獲得法國 AOC 的產地認證。

在特殊環境裡嬌貴生長

讓貝隆生蠔價高的另一原因是其生長速度緩慢、存活率也低，導致目前的貝隆生蠔物稀為貴，只是，隨著各國養殖高檔生蠔的技術純熟，加上多數人未必喜歡貝隆生蠔的特殊口味，目前在法國要吃到百分百貝隆生蠔並非難事，只是台灣因為礙於法規，無法進口。

蠔肉肥美的貝隆生蠔，生長期長達 4 年。

養殖貝隆生蠔,需要備妥「採蠔苗器」,先讓幼蠔附著於上,再以深水養殖,成熟後就能很方便地採收。在養殖過程中,水溫不能太冷、海水不能太鹹,且需要有足夠的含氧量,通常需要 3～4 年以上的養殖時間才能上市。此外,也有業者將出產上市前約 2～3 個月的生蠔,移到浮游生物較多的出海口附近進行培養,雖然增加了成本,卻可以

數數看這顆貝隆生蠔有幾圈!

讓蠔肉更加肥美,其礦物質的味道也會減少,風味更好。

專屬的等級判別標準

貝隆生蠔,在講究的環境下成長、上市的生蠔,是需要經過專家認定,確認等級制度以區分價格的。通常凹蠔的大小,是以「號數」來區分,如 NO1,NO2 等;但,貝隆生蠔則是以圈圈數來分大小,因貝隆生蠔是扁蠔,外觀接近圓形,蠔殼底部較為平坦,有特殊的外觀紋路,就像是樹的年輪一樣、一圈一圈的,圈數愈多自然就是愈大顆;紋路 2 圈為 1 年,所以,曾經見到如手掌大的貝隆生蠔,讓人感嘆到底是需要多少時間養成的!

目前貝隆生蠔大小從 1 個圈圈到 5 個圈圈不等,5 個圈圈的貝隆生蠔數量甚少,也因貝隆生蠔長到第 4 年後成長就會減緩,肉質還會有老化現象,因此幾乎沒有 5 個圈的貝隆生蠔在市面流通。記得當時台灣可以進口貝隆生蠔時,5 個圈貝隆生蠔,單顆的市售價將近新台幣 500 元,雖然珍貴,但數量太少了,因此當時我也幾乎以 3 到 4 個圈的生蠔為採購主力。

食材大小事

19 世紀才開啟的養殖產業

數百年前,食用野生的貝隆生蠔風氣還不盛行,法國沿岸到處都有生蠔,後來生蠔的美味慢慢被重視,野生生蠔已不敷使用,於是 19 世紀中期開始人工養殖,就選在貝隆河口這處特殊的自然環境,直到今日。

海膽與鱈場蟹

Sea Urchin and Red King Crab

海膽與鱈場蟹，來自氣候好、海水條件獨特的北海道。

只要一口，滿滿的海味就會在口腔裡蔓延開來，

海鮮特有的甘甜鮮美，真的讓人永遠不會忘記！

如果你也是個熱愛海味的人，別忘了找時間再好好品味一下，

這兩位北海道的海產明星！

海膽和鱈場蟹這兩樣食材，在台灣應該是無人不知，也相信很多人都吃過，尤其在日料店，幾乎是必備而且招牌的食材。

海膽種類繁多，養殖、野生的都有，因為海域不同，所產出的海膽品質上也有差異，北海道地區的海域，溫度上得天獨厚，生產的海膽品質是比較穩定的。北海道另一特產就是鱈場蟹，因為它們成長在深海中，不易捕獲，加上生長速度緩慢、不容易養殖，所以價格不便宜，已名列高檔食材之林。

壽司之神指定的紫海膽

提到海膽，幾乎和日本劃上等號。

沒錯，四面環海的日本是海膽最大生產國，約有百種品種，像是：馬糞海膽、紫海膽、赤海膽、白海膽等。而北海道幾乎就是海膽的最大生產區，馬糞海膽產區在北海道以北的位置為主；紫赤海膽在北海道以南的海域生長。因為品種和產地不一樣，生產旺季也不盡相同，5～8月是吃紫海膽的季節，9月到隔年1月為馬糞海膽產期，雖然現在人工飼養的海膽不少，但季節性還是存在。

其中頗富盛名的紫海膽，是日本頂級的海膽，北海道有一家富盛名的水產公司，羽立，因為對海膽的分級制很明確，能夠確保品質，因而聲名遠播。就連在日本有壽司之神稱號的小野二郎，店內使用的海膽就是羽立紫海膽。

海膽的價位隨著品種、大小、甜度、產量而有差別，更受氣候環境影響。像是2021年8月開始的紅潮，讓海膽產量驟減，光是該年的3個月期間，海膽的損失超過70億日圓，與往年同期比較，每100公克

吸收了北海道海域精華的鱈場蟹，不必過分繁複的料理就可呈現美味。

本人稱為鱈場蟹，價格也比較高。帝王蟹分布的海域較廣，比較容易捕撈，外觀顏色比較紅，外殼佈滿尖刺，日本人稱為棘蟹，相較之下，肉質比鱈場蟹「柴」一些。由於帝王蟹比較不耐存活，所以大多在漁船上就直接加工成「熟凍」或「生凍」，因此在市面上如果看到餐廳標榜活的帝王蟹，準確來說應該是鱈場蟹。

了解更多食材背後的知識後，是不是覺得下次選購或品嘗的時候，都更有自信了呢？

呈現豐沛的海洋滋味，正是料理頂級海鮮的精髓。

巴利克燻鮭魚

——Balik Smoked Salmon——

古代歐洲宮廷，享受奢華美食是地位指標。

今日，皇室的用品與鍾愛食材，

是頂級與品質的保證，

巴利克燻鮭魚，就是如此。

來自擁有最純淨環境的瑞士，

一問世就成為皇家最愛至今，

現在，你不必是皇家貴族，也能享受這頂級美味

燻鮭魚，是自助餐餐檯上、西餐、日料上經常被選用的一項食材，也許，正因為經常看到、吃到，也就習以為常的認為，燻鮭魚就是燻鮭魚，怎會是頂級食材？如果你有這樣的想法，可能是你還沒吃過「巴利克燻鮭魚」，如果你有幸品嘗，會徹底顛覆你對燻鮭魚的既定印象。

當普通燻鮭魚 1 公斤市價在新台幣 400 ～ 500 元之間，巴利克燻鮭魚可以賣出 1 公斤新台幣 2 萬元的價格，天壤之別的價差，足以證明它的嬌貴。「燻鮭魚界的仙女」是美食界給它的優雅稱號，對我來說，極致口感中帶上浪漫優雅的煙燻味道，與緊密濃郁的鮭魚油脂互相結合，那一口，就是人間美味，也因為如此讓人銷魂的味道，不禁讓我開始思考這塊燻鮭魚的製程，是不是經過精密的熟成時間計算後，再去進行燻製後的產物？畢竟口中這一口絕美的滋味，非常不簡單！

歐洲美食界為之瘋狂

「巴利克的歷史是由熱愛、專注與近乎瘋狂的人所累積而成的！」歐洲美食界為其下了這樣的註解，背後是一段精彩的歷史典故。

傳統上，巴利克被公認為最精緻、細嫩的品質，有「魚中之王」美名，創立於 1978 年，將頂級的鮭魚，在瑞士 Ebersol 毫無汙染的高山上，透過專業煙燻師的手法，製造出歐洲皇室宮廷盛宴上的絕頂美食，而打造出這品牌的推手，則是一位演員漢斯格德庫貝爾（Hans Gerd Kubel）和他的搭檔馬汀克洛蒂（Martin Kloti）。

那年，他們發現了這塊人間淨土，買下了擁有 300 年歷史的農場，在過程中意外發現農場擁有純淨的泉水、以及周邊多樣性的茂密森林，於是有了打造鱒魚農場和煙燻房的想法，庫貝爾甚至想要再擴大經營版圖，除了飼養鱒魚外，更想製作煙燻鮭魚，他的野心讓他順利和挪

在職人的堅持下，巴利克燻鮭魚一面市就成為頂級食材。

只需要橄欖油，只需要幾分鐘，就有鮮美的干貝可以享用了。

北海道產區獨領風騷

全世界出產干貝的國家很多，為什麼唯獨提北海道產區？

首先，日本是全世界干貝最大的出產國，在全世界有著無人能出其右的地位，不論是在採購成本或是品質上，其優勢地位無人能取代；再來，日本離台灣「近」，只需要幾小時飛機，干貝就能到達台灣消費者手中，所以台灣能買「活」扇貝，更別說「生食級」干貝了。

其他國家的干貝，由於距離台灣遠，經過運送後，品質上自然沒有優勢，即使製作成冷凍品，某些國家為了讓品質較差的干貝口感更好，會特別加了泡發的藥劑，而且含有螢光劑，雖屬於食用等級，吃多了自然對人體不好。如果你買到這種干貝，請務必煮全熟後再吃。不必擔心口感不好，泡發干貝，即使煮全熟，仍然帶著軟嫩口感，這就是泡發干貝的特性。反過來說，「生食級」干貝要是全熟，口感勢必不好的。不過，大家不用太擔心，泡發干貝在台灣市場沒有競爭力，想要特別買，還不一定買得到，除非運氣超好。

主廚私房料理手法

買到「冷凍生食等級」干貝後，先在冰箱冷藏解凍一晚，取出後以廚房紙巾擦乾。平底鍋燒熱後，再加入橄欖油和干貝，放入干貝時小心會有水分噴濺，干貝在平底鍋煎大約 2～3 分鐘後，就可以輕輕翻開，檢查干貝表面是否上色，上色後翻面再煎 30 秒，撒上少許的鹽和黑胡椒，就可以裝盤享用了。當然，想要解凍後直接生吃，也是可以的，可以像高級日本料理店，準備好哇沙米和醬油當沾醬。

頂級食材選購資訊

部分食材,如:布列斯雞、貝隆生蠔目前台灣無法進口,其他食材可洽台灣代理商,或是大型進口超市、食材專門店找找。

白松露
河洛公司線上購物「玩饗食庫」 https://www.gustosashop.com/

黑松露
請向以下三家食品公司預購。
聯馥食品,線上購物 https://www.weallaregourmetspartner.com/
河洛公司線上購物「玩饗食庫」 https://www.gustosashop.com/
Good Food You 主廚的秘密食材庫 https://www.goodfoodyou.tw/

白蘆筍
請於產季時洽詢。
聯馥食品,線上購物 https://www.weallaregourmetspartner.com/
微風超市 https://www.breezecenter.com/stores/26
Good Food You 主廚的秘密食材庫 https://www.goodfoodyou.tw/

牛肝菌
聯馥食品,線上購物 https://www.weallaregourmetspartner.com/
河洛公司線上購物「玩饗食庫」 https://www.gustosashop.com/
Good Food You 主廚的秘密食材庫 https://www.goodfoodyou.tw/

鹽之花
聯馥食品,線上購物 https://www.weallaregourmetspartner.com/

巴薩米克醋
除了三大食品代理商,也可到進口超市選購。
聯馥食品,線上購物 https://www.weallaregourmetspartner.com/
河洛公司線上購物「玩饗食庫」 https://www.gustosashop.com/
Good Food You 主廚的秘密食材庫 https://www.goodfoodyou.tw/

帕米吉亞諾乾酪
建議向代理商購買,以免買到仿冒品。
聯馥食品,線上購物 https://www.weallaregourmetspartner.com/
河洛公司線上購物「玩饗食庫」 https://www.gustosashop.com/
Good Food You 主廚的秘密食材庫 https://www.goodfoodyou.tw/

和牛
除了向代理商詢問,也可在各頂級超市買到。
滋賀一世 https://www.shigaissay.com/

非籠飼雞蛋
傻蛋友善放牧蛋 https://www.sasaegg.com/

伊比利火腿
各大通路、實體店面都有販售。

Acquerello 義大利米
河洛公司線上購物「玩饗食庫」 https://www.gustosashop.com/
大型超市或其他大型食材超市。

巴利克燻鮭魚
需要事先預訂,可洽詢:
Good Food You 主廚的秘密食材庫 https://www.goodfoodyou.tw/

玩藝 115

頂級食材聖經：跟著摘星主廚 Jimmy 品嘗金字塔頂端的美味

作　　者	陳溫仁 Jimmy
文字協力	劉育良
責任編輯	徐詩淵、呂增娣
封面設計	賴維明
內頁設計	雨城藍設計事務所
編　　輯	王苹儒
行銷企劃	吳孟蓉
副總編輯	呂增娣
總 編 輯	周湘琦
董 事 長	趙政岷
出 版 者	時報文化出版企業股份有限公司
	108019 台北市和平西路三段 240 號 2 樓
	發行專線—(02)2306-6842
	讀者服務專線—0800-231-705 (02)2304-7103
	讀者服務傳真—(02)2304-6858
	郵撥—19344724 時報文化出版公司
	信箱—10899臺北華江橋郵局第99信箱
時報悅讀網	http://www.readingtimes.com.tw
電子郵件信箱	books@readingtimes.com.tw
法律顧問	理律法律事務所　陳長文律師、李念祖律師
印　　刷	和楹印刷有限公司
初版一刷	2022 年 4 月 22 日
定　　價	新台幣 480 元

特別感謝　 聯 馥 食 品

感謝圖片協力　三二行館、河洛公司、東遠食品、滋賀一世、聯馥食品

缺頁或破損的書，請寄回更換

時報文化出版公司成立於 1975 年，
並於 1999 年股票上櫃公開發行，於 2008 年脫離中時集團非屬旺中，
以「尊重智慧與創意的文化事業」為信念。

頂級食材聖經：跟著摘星主廚 Jimmy 品嘗金字塔
頂端的美味 / 陳溫仁 Jimmy 著 . -- 初版 . -- 臺北市：
時報文化出版企業股份有限公司 , 2022.04
　　面；　公分 . -- (玩藝；115)
　ISBN 978-626-335-242-1(平裝)

　1.CST: 食物 2.CST: 烹飪

427　　　　　　　　　　　　　　111004289

Printed in Taiwan
ISBN：978-626-335-242-1